水稻带钵移栽秧盘制备工艺优化及其环境适应性

李连豪 等 著

科学出版社

北 京

内 容 简 介

本书比较全面地概括了水稻带钵移栽秧盘制备过程遇到的问题和对环境突变的适应性,对水稻带钵移栽秧盘概念、结构、制备配套装备开发及制备工艺优化以及对干旱、温度及风力突变等环境因素突变的适应性等问题进行了阐述。第1章中详细列举了国内外专家、学者对该领域相关问题的研究进展,指出本书所涉及研究工作的重要性和必要性。第2章介绍带钵移栽秧盘设计思路以及相关结构确定方法。第3章介绍带钵移栽秧盘生产系统开发。第 4 章对带钵移栽秧盘冷压连续生产工艺及参数优化进行了探讨。第5~7章探究带钵移栽秧盘对干旱、温度和风力等环境因素突变的适应性。第8章讨论带钵移栽秧盘模式对水稻生产综合效益的影响。第9章主要探讨本项工作的不足之处以及指出下一步工作的重点。

本书主要适用于水稻科研工作者和广大种植户。

图书在版编目(CIP)数据

水稻带钵移栽秧盘制备工艺优化及其环境适应性/李连豪等著. —北京:科学出版社,2017

ISBN 978-7-03-054185-7

Ⅰ. ①水… Ⅱ. ①李… Ⅲ. ①水稻育秧设备-研究 Ⅳ. ①S223.1

中国版本图书馆 CIP 数据核字(2017)第 200814 号

责任编辑:刘海晶 吴卓晶 / 责任校对:陶丽荣
责任印制:吕春珉 / 封面设计:北京睿宸弘文文化传播有限公司

科 学 出 版 社 出版
北京东黄城根北街 16 号
邮政编码:100717
http://www.sciencep.com

北京京华虎彩印刷有限公司 印刷
科学出版社发行 各地新华书店经销
*

2017 年 8 月第 一 版 开本:B5(720×1000)
2017 年 8 月第一次印刷 印张:8 1/4
字数:169 000

定价:80.00 元
(如有印装质量问题,我社负责调换〈京华虎彩〉)
销售部电话 010-62136230 编辑部电话 010-62135741(BN12)

前　言

水稻生长期水资源短缺、育秧期温度变化异常以及移栽期风力过大等不利因素及气候特点是我国寒区水稻生产的主要瓶颈。实践证明，水稻钵育栽培技术是突破上述瓶颈的有效手段之一。目前，日本水稻钵育栽培技术处于国际领先地位，但昂贵的生产投入制约其大面积推广应用，因此，开展适合我国寒区特点的水稻钵育栽培技术研究具有重要的理论价值、现实意义和推广前景。

本书著者及其研究团队在国家"十二五"期间主持和承担的国家科技支撑计划、博士后一等资助项目、河南省教育厅高等学校重点科研项目（18857001）、河南农业大学创新基金项目（KJCX2017C03）支持下，以对我国寒区多年来已有气象资料及未来发展趋势相关研究成果的分析为界定条件，综合采用田间试验、实验室试验以及权重综合值优化等研究方法，运用钵育理念，以农作物废弃物为主原料，设计开发出一款适合我国寒区气候特点的新型水稻育秧钵育载体，并在此过程中探析带钵移栽秧盘结构设计和实现方法；以带钵移栽秧盘为研究对象，开展其对水分胁迫、温度胁迫和风力胁迫的适应性研究；同时探讨其对水稻生产综合效益的影响。

通过多年的田间试验，确定了带钵移栽秧盘结构及关键尺寸；将模具平动改为圆周运动，开发出了带钵移栽秧盘冷压连续生产系统，并得到最佳工艺参数；通过 2 年盆栽试验，发现在充分灌溉条件下，带钵移栽秧盘栽培模式能够降低整体需水量；通过温室温度调控试验，发现带钵移栽秧盘秧苗能减小温度胁迫的影响，提高出苗率和成苗率；在育秧期遭遇低温（−2～4℃）胁迫和低温周期（8～20 h）条件下，带钵移栽秧盘的出苗率比平育秧盘提高 3.1%～17.6% 和 3.4%～15.1%；在叶枕抽出期、离乳期和四叶长出期遭遇高温胁迫，带钵移栽秧盘的成苗率比平育秧盘提高 26%、23.3% 和 16.4%；通过低速风洞试验，分析了风力胁迫对秧苗漂秧率的影响，结果表明：在风速 6～12 m/s，漂秧率降低 1.36%～3.05%；带钵移栽秧盘栽培模式能够提升水稻生产综合效益。

　　本书较全面地利用理论和实验手段探讨了带钵移栽模式技术组成及其对环境的适应性。本书共 9 章。第 1 章详细列举了国内外专家、学者对该领域相关问题的研究进展，指出本书所涉及研究工作的重要性和必要性。第 2 章介绍带钵移栽秧盘设计思路及相关结构确定方法。第 3 章介绍带钵移栽秧盘生产系统开发。第 4 章对带钵移栽秧盘冷压连续生产工艺及参数优化进行了探讨。第 5～7 章探究带钵移栽秧盘对干旱、温度和风力等环境因素突变的适应性。第 8 章讨论了带钵移栽秧盘模式对水稻生产综合效益的影响。第 9 章主要探讨了本项工作的不足之处并指出下一步工作的重点。

　　本书在撰写过程中，得到河南农业大学和黑龙江八一农垦大学的大力支持和帮助，在此深表感谢！

　　本书在撰写过程中难免出现不足之处，望广大读者不吝指教。

李连豪

2017 年 5 月

目　　录

前言

第1章　绪论 …………………………………………………………………… 1

1.1　研究的目的和意义 ………………………………………………………… 1

1.2　国内外研究进展 …………………………………………………………… 2

　　1.2.1　东北地区气候未来发展趋势 ……………………………………… 2

　　1.2.2　水稻育秧载体 ……………………………………………………… 3

　　1.2.3　水分、温度胁迫对水稻生育性状与生态指标的影响 …………… 5

　　1.2.4　风力胁迫对农业生产的影响 ……………………………………… 9

　　1.2.5　水稻品质影响因素研究 …………………………………………… 9

　　1.2.6　水稻土壤特性影响因素 …………………………………………… 11

1.3　研究目标与研究内容 ……………………………………………………… 12

　　1.3.1　研究目标 …………………………………………………………… 12

　　1.3.2　研究内容 …………………………………………………………… 12

1.4　研究方法及技术路线 ……………………………………………………… 13

第2章　水稻带钵移栽秧盘设计 …………………………………………… 14

2.1　带钵移栽秧盘设计思想 …………………………………………………… 14

2.2　带钵移栽秧盘早期探索 …………………………………………………… 16

　　2.2.1　结构及其实现方法 ………………………………………………… 16

　　2.2.2　应用中存在的问题 ………………………………………………… 17

2.3　带钵移栽秧盘结构设计 …………………………………………………… 17

　　2.3.1　总体结构 …………………………………………………………… 17

　　2.3.2　主要设计参数 ……………………………………………………… 18

　　2.3.3　操作过程 …………………………………………………………… 18

2.4　关键结构及尺寸 …………………………………………………………… 19

　　2.4.1　横向设计尺寸 ……………………………………………………… 19

　　2.4.2　单行钵孔总数 ……………………………………………………… 19

　　2.4.3　单穴钵孔 …………………………………………………………… 20

　　2.4.4　立边厚度 …………………………………………………………… 22

　　2.4.5　纵向尺寸 …………………………………………………………… 23

　　　2.4.6　通气孔及纵向进给孔 ·· 26
　2.5　结构强度分析 ·· 26
　2.6　小结 ·· 28

第3章　带钵移栽秧盘生产系统开发 ··· 29
　3.1　早期水稻育秧载体实现装置及存在的问题 ······································ 29
　　　3.1.1　早期水稻育秧载体生产装置 ··· 29
　　　3.1.2　存在的问题 ··· 30
　3.2　带钵移栽秧盘生产系统总体设计 ·· 30
　　　3.2.1　设计思路 ·· 30
　　　3.2.2　总体设计 ·· 30
　　　3.2.3　作业过程 ·· 31
　　　3.2.4　系统主要技术参数 ·· 31
　3.3　主要工作部件设计 ·· 32
　　　3.3.1　搅拌装置 ·· 32
　　　3.3.2　成型装置 ·· 34
　　　3.3.3　退盘条复位装置 ·· 37
　　　3.3.4　附属装置 ·· 37
　3.4　生产性试验 ·· 38
　　　3.4.1　试验准备 ·· 38
　　　3.4.2　主要性能指标 ·· 38
　　　3.4.3　试验方法 ·· 39
　　　3.4.4　试验结果与分析 ·· 39
　3.5　小结 ··· 40

第4章　带钵移栽秧盘冷压连续生产工艺及参数优化 ································· 41
　4.1　材料与设备 ·· 41
　　　4.1.1　原材料 ·· 41
　　　4.1.2　设备 ·· 41
　4.2　研究方法 ··· 42
　　　4.2.1　成型工艺流程 ·· 42
　　　4.2.2　影响因素和考核指标 ·· 42
　4.3　结果与分析 ·· 43
　　　4.3.1　成型辊旋转线速度对带钵移栽秧盘成型性能的影响 ··················· 43
　　　4.3.2　稻草含量对带钵移栽秧盘成型性能的影响 ···························· 44
　　　4.3.3　混料厚度对带钵移栽秧盘成型性能的影响 ···························· 44

　　　4.3.4　退盘条位置对带钵移栽秧盘性能的影响 ·············· 45
　　4.4　工艺参数优化 ··· 46
　　　4.4.1　优化方法 ·· 46
　　　4.4.2　试验设计 ·· 46
　　　4.4.3　工艺参数优化 ·· 46
　　4.5　试验验证 ·· 48
　　4.6　小结 ··· 48
第 5 章　带钵移栽秧盘秧苗对干旱的适应性 ···························· 49
　　5.1　试验区域气候变化趋势 ·· 49
　　　5.1.1　试验区域简介及典型性分析 ·································· 49
　　　5.1.2　气象资料获取及分析结果 ····································· 50
　　5.2　试验材料与方法 ··· 50
　　　5.2.1　试验准备 ·· 50
　　　5.2.2　试验方法 ·· 51
　　　5.2.3　试验仪器 ·· 52
　　　5.2.4　考核指标及观测方法 ··· 53
　　　5.2.5　水稻生育期划分 ·· 53
　　5.3　充分灌溉下的需水规律 ·· 54
　　5.4　不同水分处理对水稻需水量的影响 ······························ 56
　　5.5　不同水分处理对水稻生长发育的影响 ··························· 62
　　　5.5.1　有效分蘖数 ·· 62
　　　5.5.2　株高 ··· 64
　　　5.5.3　平均穗长 ·· 65
　　　5.5.4　千粒重 ·· 67
　　　5.5.5　产量 ··· 67
　　5.6　水分生产函数 ·· 69
　　5.7　水分利用效率 ·· 72
　　5.8　讨论 ··· 73
　　5.9　小结 ··· 74
第 6 章　带钵移栽秧盘秧苗对缓苗前温度胁迫的适应性 ············ 75
　　6.1　试验材料与方法 ··· 75
　　　6.1.1　试验材料 ·· 75
　　　6.1.2　试验时间与地点 ·· 76
　　　6.1.3　试验设计与方法 ·· 76

　　　　6.1.4　测定指标 ·· 77

　　　　6.1.5　仪器与设备 ·· 78

　　6.2　试验结果与分析 ·· 78

　　　　6.2.1　出苗期低温胁迫对出苗率的影响 ··························· 78

　　　　6.2.2　出苗后期高温胁迫对成苗率及秧苗素质的影响 ········ 81

　　6.3　讨论 ·· 85

　　6.4　小结 ·· 86

第 7 章　带钵移栽秧盘秧苗对风力胁迫的适应性 ························· 87

　　7.1　材料与方法 ··· 87

　　　　7.1.1　试验时间与地点 ·· 87

　　　　7.1.2　试验准备 ··· 87

　　　　7.1.3　试验装置 ··· 87

　　7.2　研究方法 ·· 89

　　　　7.2.1　考核指标 ··· 89

　　　　7.2.2　影响因素 ··· 89

　　　　7.2.3　试验步骤 ··· 89

　　7.3　试验条件假定 ·· 89

　　7.4　风力作用下漂秧形成条件及过程 ··· 90

　　　　7.4.1　CK1 秧苗在风力作用下受力分析及漂秧形成过程 ······ 90

　　　　7.4.2　CK 秧苗在风力作用下受力分析及漂秧形成过程 ········ 91

　　7.5　漂秧率影响因素分析 ·· 93

　　　　7.5.1　风力持续时间 ··· 93

　　　　7.5.2　风力 ·· 93

　　　　7.5.3　水层深度 ··· 94

　　　　7.5.4　株距 ·· 95

　　　　7.5.5　移栽深度 ··· 95

　　　　7.5.6　影响因素交互作用分析 ··· 96

　　7.6　移栽作业参数优化 ··· 96

　　　　7.6.1　优化原则 ··· 97

　　　　7.6.2　试验设计 ··· 97

　　　　7.6.3　优化考核方法 ··· 98

　　　　7.6.4　不同风力条件下移栽农艺优化 ···································· 98

　　7.7　讨论 ··· 106

　　7.8　小结 ··· 107

第8章　带钵移栽秧盘模式对水稻生产综合效益影响分析················108

　8.1　材料与方法··················108

　　8.1.1　试验材料··················108

　　8.1.2　试验设计及方法··················108

　　8.1.3　测试项目··················109

　　8.1.4　测试仪器··················109

　8.2　结果与分析··················109

　　8.2.1　经济效益··················109

　　8.2.2　生态效益··················111

　　8.2.3　社会效益··················113

　8.3　小结··················113

第9章　结论与建议··················114

　9.1　主要结论··················114

　9.2　主要创新点··················115

　9.3　有待进一步研究的主要问题··················116

主要参考文献··················117

第1章 绪 论

1.1 研究的目的和意义

东北三省（黑龙江省、吉林省和辽宁省）属于典型寒带区域，是我国粮食主产区。以黑龙江省为例，2012年水稻产量4.1万t，约占全国水稻总产量的3.7%。由此可知，水稻生产在东北三省乃至全国农业生产中占有举足轻重的地位，为我国粮食增产做出了突出贡献。

多年来，东北三省水稻生产为我国粮食生产做出突出贡献的同时，由于其特殊的地理位置和气候特点，水稻生产过程也遇到了一些瓶颈，主要体现在：①种植面积难以大幅度扩大；②现有生产方式下单产水平难以较大幅度提高；③水稻品质相对下降；④有效水资源日趋短缺；⑤农业生态环境遭到破坏，日益恶化；⑥天气突变频发，诸如水稻生产过程中温度及风力变化异常等农业不利因素，易造成产量不稳定等等。

针对目前水稻生产状况，改变水稻生产方式是突破寒区水稻增产（或保持产量稳定）瓶颈的有效途径之一。

21世纪初，东北三省水稻生产多采用平育秧移栽方式，其早期对水稻直播方式而言具有明显增产效果，但由于秧苗根部相互盘结易造成机械插秧伤根和秧苗对农业生产环境突变适应性差，易导致病害频发，不利于水稻壮苗的培育，从而影响水稻增产稳产。因此，需要探求新型水稻生产方式。

水稻生产方式的转变（就水稻移栽而言），首先应该是育秧载体的改变。实践证明，水稻钵育栽培技术是实现寒区水稻增产（稳产）的有效生产方式之一，这项技术也是在改变水稻育秧载体的基础上展开的。目前国际上研究此类技术最先进的国家当属日本，日本钵育栽培技术是采用水稻塑料钵盘作为水稻育秧载体、集专属水稻精量播种机播种和专属插秧机机械插秧为一体的一种水稻生产方式，其增产稳产效果十分明显，且对农业生产环境突变的适应性较强，能够为水稻秧苗创造适宜的生长环境。但其专属设备十分昂贵，诸如塑料钵育秧盘价格17元/个（2012年国家补贴后价格，600个/hm²），配套设备价格30万~35万元/套（播种机和插秧机），整体资金投入较大，稻农不易接受，不符合我国水稻生产实际，因此其推广面积受到制约。

为解决上述问题，我国科技工作者借鉴日本钵育技术特点，灵活运用钵育理念，成功研发出适于寒区的新型水稻育秧载体（以下简称带钵移栽秧盘），并开发出相关配套设备，构建成熟的与带钵移栽秧盘配套的栽培技术体系，其总体价格为日本相关设备价格的 1/15。不仅能实现日本钵育栽培技术同样的增产效果，而且能够提升水稻生产效益。2006～2013 年，带钵移栽秧盘栽培技术在东北三省共推广应用 4 万 hm^2，得到广大稻农认可。

带钵移栽秧盘栽培技术是为适应寒区气候特点培育壮苗而开发的新型水稻栽培方式，随着大面积的推广应用，一些科学问题也逐渐凸现：

（1）早期利用水稻秸秆制备水稻钵育载体，其结构完全参考日本水稻塑料钵育秧盘。由于两者材料性质存在差异，在实际应用中存在诸多问题，其设计方法如何目前尚缺探讨。

（2）实践表明，带钵移栽秧盘能够为水稻秧苗提供适宜的生长环境，对水稻生产环境突变（主要针对水分胁迫、温度胁迫及风力胁迫）具有一定适应性。但是，当水稻秧苗受到不同胁迫时，其适应性如何？对秧苗的生育性状有何具体影响？

（3）带钵移栽秧盘对水稻生产效益具有一定的提升作用，生产效益包括经济效益、生态效益和社会效益，经济效益针对生产成本下降、产量和品质提升，生态效益针对土壤特性改善。那么其如何使水稻生产效益得到提升？

这些科学问题的回答与探索在一定程度上为带钵移栽秧盘栽培技术的进一步推广提供强有力的科学依据。

本书为探索和回答上述科学问题而展开，因此，本研究的开展对提高寒区水稻单产水平、提升稻米品质、节约水稻农业用水、提高水分利用效率、改善农业生态环境、降低天气突变频发造成水稻产量不稳定的风险、保证寒区水稻增产稳产及确保我国粮食安全具有重要的现实意义。

1.2　国内外研究进展

1.2.1　东北地区气候未来发展趋势

东北地区主要包括辽宁省、吉林省和黑龙江省，是全国热量资源较少的地区，≥0 ℃积温 2 500～4 000 ℃，无霜期 90～180 d；夏季气温高，冬季漫长、气候严寒，春、秋季时间短；年降水量为 400～1 000 mm，由东向西减少；太阳辐射量 4 800～5 860 MJ/（m^2·年），与全国同纬度地区相比偏少，其分布由西南向北、向东减少。同时东北地区东、北、西三面为低山和中山环绕，中部是大平原，南北和东西相差约 15 个经纬度，因此气候及其变化的差异较大，是典型的"气候脆弱区"。

人类对耕地的过度开发对东北地区气候的变化影响很大，一些国内学者对此高度关注并进行相关研究。杨雪艳等（2010 年）利用东北地区 1971～2006 年气温和大风数据研究东北地区大风的气候变化特征，认为未来大风气候总体呈显著下降趋势，这与东北地区气候逐渐变暖有关。赵春雨等（2009 年）分析东北地区 1961～2006 年冬季降雪量气候变化数据，认为东北地区冬季降雪量具有明显的阶段性变化特征，在 2000 年之后降雪量有所增加；东北大部分地区降水呈减少趋势且降水日数呈减少趋势。孙凤华等（2006 年，2008 年）研究分析 1905～2001 年近百年月平均气温和月降水观测数据以及东北地区最高、最低温度非对称变化，认为东北地区气温整体上处于上升趋势，除夏季降水有微弱增加趋势外，其余季节降水均呈现减少趋势；最低气温的增温趋势明显高于最高气温，不利于作物的光合作用。刘实等（2010 年）回顾中国学者有关东北三省冬季气温变化的研究成果并进行预测，认为未来东北气温整体升高，但局部地区不同年份气温出现突变。李百超等（2011 年）研究分析黑龙江省不同地区近 30 年 0～30 cm 土层土壤湿度变化趋势，认为黑龙江省各地 0～30 cm 土层土壤湿度总体呈下降趋势，干旱程度和范围将扩大。赵春雨等（2009 年）及严晓瑜等（2012 年）分析 1961～2009 年的逐日最高、最低气温资料，认为东北大部分地区年极端最高气温和年极端最低气温均呈升高趋势，且后者比前者显著，东北地区年极端高温日数随时间变化呈增多趋势。付建飞等（2007 年）利用辽宁省多年数据资料研究分析，认为辽宁省气候有暖干化趋势，干旱期体现在夏冬两季，气温有突变；年均温度由西南向东北、年降水由东向西都有逐渐递减的趋势，气温和降水的趋势系数存在空间变异性，将可能导致区域内地质灾害的发生频率增加且强度加大。

由以上分析可知，未来东北气温将上升，干旱程度将加剧，干旱时间将延长，高温、低温对农作物伤害概率增大，由地质灾害诱发的农业环境灾害将增多，因此，在我国寒区进行农业环境胁迫抵御措施研究具有重要的现实意义。

1.2.2　水稻育秧载体

水稻育秧载体是为适应水稻移栽需要而产生的一种秧苗依托物体，常规作业流程是在水稻育秧期间，将催芽后的种子撒（播）在水稻育秧载体上，并在其上面铺撒利于水稻种子生长的物质（有机质、土壤、化肥和水等），待育秧期结束（45～50 d）后，水稻秧苗依附在育秧载体上运输到田间进行机械（或人工）插秧，大多数水稻育秧载体可多年重复使用，水稻育秧载体对寒区培育壮苗和简化秧苗运输环节起着重要作用。

目前，水稻育秧载体一般有平育秧载体和钵育载体 2 种，平育秧载体是我国传统的水稻育秧载体，20 世纪 60 年代便开始使用，有平育纸盘和平育硬盘 2 种类型，平育纸盘由蜡纸制成（600 mm×300 mm），为增加空气流动性，其上面布满均匀圆孔（直径 1.5 mm），在运输时可将秧苗卷起，节约运输空间；平育硬盘由聚氯乙烯制成，规格和平育纸盘相同，其在秧苗运输时需要制作专用支架，较浪费运输空间。平育秧载体的缺点在于移栽时需要起秧和洗秧，劳动强度较大，生产效率低，机械移栽时秧苗放在秧箱上，秧苗由分秧和插秧机构移栽到大田里，对秧苗根部损伤极大，需有较长缓苗期。

为了解决这些问题，国内一些研究机构进行水稻钵育栽培技术相关育秧载体的研究，钵育育秧载体与平育育秧载体最大的区别在于钵育育秧载体由多个单一钵体（圆形和方形）组成，播种时将种籽播撒到钵体内，从而解决秧苗根部盘结和机械插秧时对秧苗根部损伤大的问题。从20世纪70年代开始，中国农业科学院引进消化吸收日本钵育栽培技术，开展纸筒和塑料钵育软盘方面的研究，开发出方格式塑料钵盘，塑料钵盘长60 cm，宽30 cm，高2.5 cm，塑料钵盘中有2.25 cm^{2}的小方格800个，每个小方格底面留有5 mm渗水圆孔。1985年黑龙江省牡丹江塑料三厂生产了聚氯乙烯压塑406穴的秧盘硬盘。1987年牡丹江农业科学研究所与上海第一塑料厂合作利用聚氯乙烯回收料，经吸塑制成钵体软盘，该成型技术可以根据需要制成不同钵孔规格的塑钵秧盘，如353穴、434穴和561穴。20世纪90年代，中国农业大学、浙江理工大学等研究机构科研人员开发出一种钵体和毯式结合的钵体毯式育秧盘，该育秧盘有2部分组成，上半部分是由聚氯乙烯制成的塑料软盘，但因其薄、软易变形，使用时需要下半部分的托盘支撑，如浙江理工大学研发的塑料软盘规格26×16穴、中国农业大学研发的塑料钵盘25×14穴和25×12穴钵体盘，这个时期由于水稻生产投入和产出比不高，农民受益小，此类育秧载体没有大面积推广应用。

到21世纪初，黑龙江八一农垦大学研究人员利用水稻秸秆粉碎压制新型水稻育秧载体，即水稻植质钵育秧盘，并进行配套装备的开发，不但解决水稻秸秆再利用问题，也能降低生产成本，得到农户的认可及大面积推广应用。

由于美国、澳大利亚、意大利及其他发达国家水稻生产一直沿用直播种植模式，其国内人员很少对水稻育秧载体进行研究和开发。采用水稻育秧移栽栽培模式的国家主要分布在亚洲。在亚洲，日本的水稻移栽技术最为先进，因此重点阐述日本水稻育秧载体的发展历程。

20世纪60年代末70年代初，日本一些研究机构针对北海道等易受冷害的地方开始研究纸筒钵育苗栽培技术，能够有效解决水稻育苗低温害等问题。20世纪70年代中期，日本北海道道立中央农业试验场科研人员为解决纸筒钵苗之间的窜根问题，在原有纸筒育苗技术基础上，开展纸制钵盘研究，并取得创新突破，即先制作成一定直径的纸筒，然后再用一种能够分解并失去黏性的胶黏剂把纸筒粘连成钵盘状。当秧苗期结束时，胶粘剂失去原有的黏性并分解掉，秧苗的营养钵体彼此间比较容易分离，并相对钵体较完整。这一育秧载体生产技术的突破，带动了水稻移栽抛秧技术的产生。虽然此纸制钵盘育出的秧苗具有苗壮、根系发达等优点，但只能一次性使用，秧盘成本较高，增加水稻生产成本，因此后期此项技术没有大规模推广应用。

20 世纪 80 年代, 在日本出现长毡式育秧载体, 长毡式育秧是水稻无土栽培技术, 在长毡式育秧载体上铺上一层无纺织物, 上面撒播水稻发芽种子 (催芽), 水泵循环喷出营养物质, 然后用 20~30℃ 的水温进行管理, 经 2 周左右, 育成苗高 10~12 cm、叶龄 2.0 的小苗便可移栽插秧, 此育秧方式与传统育秧箱的带土毡式苗相比, 在一定程度上降低搬运强度, 机械插秧时减少秧苗补给次数, 提高运苗效率。不足之处在于长毡式育秧的秧苗带比较长, 不方便运送秧苗到田间插秧, 而且由于长毡式秧苗的根较软且韧, 在插秧机移栽前就有死根现象。

20 世纪 90 年代初, 日本水稻栽培学家松岛省三先生与丸井加工 (株式会社) 合作, 开发出 3 种型号 (578 穴、648 穴和 2015 穴) 的塑料钵育秧盘。按照 3 种钵盘钵孔尺寸的不同, 可培育出大苗、中苗和小苗 3 种秧苗类型。

21 世纪初, 随着高分子树脂材料工业的发展, 北海道国立农业试验场和道立中央农业试验场相关科技人员合作研制出适合大苗育秧移栽的树脂钵育秧盘, 我们称为日本塑料钵盘, 其外形为长方形, 长 62 cm、宽 31.5 cm, 每盘有 14 行, 每行有 48 个穴, 共 672 个钵孔, 钵孔为圆台形, 上口直径 16 mm, 下口直径为 13 mm, 钵孔深为 25 mm, 下口底部为 "Y" 字形, 较其他部位软而薄, 称之为发根孔, 起透水、透气的作用。此种育秧载体钵育栽植的大苗具有秧苗素质好、返青快、早熟高产、成熟度好、米质优良等优点, 这些都证实了该育秧盘与移栽方式相配套的栽植技术是一种省力、优质、稳产的栽培方法, 在日本得到广泛应用。

由上可知, 作为一款带钵移栽秧盘, 其不但能够实现与日本钵育栽培技术同样的增产效果, 而且能够大大地降低水稻生产投入。作为一款新出现的育秧载体, 国内外对其凸显的水土方面的科学问题研究极少, 因此进行这方面研究, 对完善我国水稻钵育栽培技术体系具有重要意义。

1.2.3 水分、温度胁迫对水稻生育性状与生态指标的影响

水分亏缺和外界温度骤升、骤降对植物的生长、产量、形态指标和生理生化指标有着严重影响, 对水稻生产的影响也是如此, 因此, 研究如何为作物提供适宜生长环境和提高水稻对水分、温度胁迫的适应性具有重要的理论意义和实践意义。

1. 水分亏缺

凡是不能满足作物基本需水要求的环境因子均可形成水分胁迫, 进而造成作物水分亏缺, 如干旱、高温、低温和高盐等均能形成水分胁迫, 其中干旱是最重要的一种。即使在非干旱的主要农业区, 也不时地会受到旱灾侵袭。干旱对世界作物产量的影响, 占自然逆境中首位, 其危害相当于其他自然灾害之和。水分亏缺是一种最普遍的影响作物生产力的环境胁迫, 水分胁迫对农作物造成的损失在所有非生物胁迫中占首位。

国内主要通过桶栽控水或者大田水层控制施加水分胁迫来研究水分亏缺对水稻秧苗生理指标、生态指标和生长发育的影响。郑家国等（2003 年）认为花后水分亏缺对稻谷产量和稻米品质有很大影响。柯传勇（2010 年）及张烈君（2006年）认为水分胁迫抑制水稻的生长发育，株高、叶片数、茎蘖数、叶面积和叶面积指数（Leaf Area Index，LAI）增长受到限制。水分胁迫的时期、程度和历时的不同导致抑制程度不同。胁迫程度越重，历时越长，作物受到的抑制作用越大，并且这种作用具有一定的滞后性。复水后株高、叶片数、茎蘖数、叶面积和叶面积指数增长速度加快，接近或超过对照，表现出一定的补偿效应；不同生育期水分胁迫均抑制水稻叶片的光合作用。胁迫程度越重，历时越长，抑制作用越明显。复水后胁迫处理的光合速率表现出补偿效应；水分胁迫对叶片蒸腾速率和气孔导度的影响具有较长的后效性，气孔因素是影响叶片光合作用的重要因素。不同生育期水分胁迫使叶绿素浓度升高，复水后叶绿素浓度有下降趋势。柏彦超等（2007 年）采用高砂土充填的 PVC 土柱模拟地下水埋深来控制土壤水分状况，研究发现，随埋深深度的增加，水稻生物学产量及经济产量有不同程度的降低，地下水埋深过大不利于水稻作物对磷、镁、钠等元素的吸收，并妨碍成熟期籽粒中钾向秸秆的回流。季飞（2008 年）认为，水稻生育过程中抽穗开花期需水最大，拔节孕穗期次之，同时抽穗开花期也是水分亏缺敏感时期，分蘖期和灌浆期对水分亏缺则不十分敏感。不同阶段的不同程度受旱对水稻生长发育及产量的影响各不相同，相同程度受旱对产量影响最大的阶段为拔节孕穗期，抽穗开花期次之；在分蘖期实施适当的水分亏缺不会对产量构成较大影响，灌浆期采取一定程度的受旱也不会对产量构成影响，甚至在穗长、株高、千粒重等指标上要高出对照处理。不同土壤水分条件与水稻需水量和产量三者之间的相互关系非常密切，不同阶段的不同程度受旱对水稻生长发育的影响不相同。郝树荣等（2010 年）认为水分胁迫在抑制水稻茎秆、叶片、叶面积延伸生长的同时，能有效地诱导冠层结构，为旱后复水补偿效应的产生提供条件。周欢等（2010 年）认为，水分胁迫对分蘖期单株的有效穗数影响较大，轻度水分胁迫提高了单株的有效穗数、实粒数及产量，而重度胁迫则显著降低了产量；拔节孕穗期水分胁迫对产量影响较大，结实率随水分胁迫的加重而显著下降，是水稻植株生长的水分敏感时期；抽穗成熟期的水分胁迫处理对千粒重影响较大，轻度水分胁迫处理对产量及其构成因子无明显影响，而重度胁迫显著降低了各产量构成因子，从而显著降低了水稻产量。不同生育时期不同的水分胁迫处理中，以轻度水分胁迫水分利用效率最高，在分蘖期和灌浆结实期进行适当的水分胁迫处理可提高水分利用效率。王维等（2011 年）研究认为，灌浆期土壤水分亏缺引起的灌浆后期籽粒中蔗糖向淀粉合成代谢中一些关键酶活性快速下降和籽粒内容物的供应不足是籽粒淀粉积累总量减少、粒重降低的主要生理原因。高婷等（2012 年）对寒冷地区水稻需水量和水分胁迫进行系统研究分析，认为水稻需水量主要集中在分蘖期、拔节孕穗期和抽穗开花期 3 个时期；

水稻的作物系数在各生育时期也不同，在拔节孕穗期和抽穗开花期作物系数较大，其次是灌浆乳熟期和分蘖期，返青期和黄熟期较小。郭相平等（2013年）认为适宜的水稻干旱胁迫能够抵抗水分胁迫造成的抗倒伏能力下降，提高后期抗倒伏能力；现有节水模式下适当加大雨后蓄水深度不会增加倒伏风险。

国内其他学者对水分胁迫对其他主要粮食作物的影响进行研究，认为水分亏缺能够在一定土壤水势范围内刺激作物根系生长，减少作物蒸腾、提高作物水分利用效率，适宜水势范围和水分亏缺周期对增强作物根系生长、光合作用、蒸腾效率均有良好效果，不同生育时期、不同水分胁迫对生育性状和生态指标均有影响，但影响程度不同。

在国外，Egert等（2002年）和Upadhyaya（2004年）认为水分亏缺对作物的生长、产量、形态指标和生理生化指标有着严重的影响。Upreti（2004年）发现充分灌溉可促进四季豆芸苔素根节瘤生长，提高其固氮酶活性；通过适当水分亏缺处理可使四季豆品质提升。Pospisi Lova（2004年）认为对四季豆、甜菜和玉米进行水分亏缺处理，可使净光合速率、气孔导度和蒸腾速率提高。Khan等（2004年）发现在充分灌溉时微量元素对作物叶水势、根系生长等影响不显著；当水分胁迫处理时，微量元素对作物生长和水分利用效率影响均显著。He（1999年）研究发现作物受到水分胁迫时，微量元素对作物生长和水分利用效率都有显著影响。作物处于水分胁迫期间，作物蛋白合成系统等植物组织都发生了改变。Ionenko等（2006年）认为水分胁迫对根系水分传导速率影响显著，能够阻碍根系的水分传导速度和矿物质营养元素的吸收，从而影响植物生长发育。Smita（2005年）研究发现经受一定程度的水分胁迫对作物根系生长有促进作用，比充分灌溉时作物根系生长得更好。Hsu等（2003年）认为随水分胁迫时间加长，土壤水分逐渐减少，叶绿素含量逐渐减少，光合系统活性减弱，光合蛋白含量减少。

由上可知，国内外过去研究大多集中在水分亏缺（水分胁迫）期间的作物响应，对水稻水分亏缺对生育性状和产量方面的研究也是基于平育秧栽培模式，而对基于带钵移栽秧盘对水分胁迫的适应性认识和研究有限，有待进一步研究。

2. 温度胁迫

当外界环境突变温度不能满足作物基本温度要求时便可形成温度胁迫，一般有低温胁迫和高温胁迫2种。低温胁迫易使作物干物质的呼吸消耗加大，根系对养分的吸收降低，作物对光合作用形成的碳水化合物的运输速度也会降低。高温胁迫易产生代谢速率逆转，作物生长发育过程受阻，蛋白质发生变性反应和使光合作用酶系统、呼吸作用酶系统和蛋白质合成酶系统等重要酶类失活等问题。

随着外界环境非规律变化，温度胁迫对作物的影响已引起人们的重视。在水稻方面，程方民等（2003年）认为，在水稻籽粒灌浆初期，高温胁迫使下籽粒中的蔗糖含量、淀粉含量提高。盛婧等（2007年）研究发现，灌浆结实期高温胁迫可使籽粒结实率影响显著降低，开花后期结实率对高温胁迫最为敏感。林伟宏等（1999 年）研究发现，温度对水稻叶片光合作用有协同促进作用，而对群体光合作用的促进则随温度升高而减弱。孙彦坤等（2008 年）认为，稻田土壤温度的差异对水稻产量的提高有显著影响，但没有指出高温胁迫（或低温胁迫）对产量的影响程度。谢晓军（2011 年）认为，孕穗期高温胁迫显著降低了花粉活力、萌发率、结实率与产量。马宝（2009 年）认为，在高温胁迫下水稻叶片的光合能力逐渐增强，对高温的抵御能力也在增强；高温胁迫造成水稻最终产量的降低；高温胁迫影响水稻的干物质重以及干物质分配比；对温度最敏感的是水稻抽穗开花期。刘照（2011 年）认为，高温干旱处理下水稻体内渗透调节能力明显降低，相关抗氧化酶活性减弱，进而降低细胞清除活性氧的能力，造成活性氧对细胞的危害。加之叶绿素总含量和光合速率同时降低，从而导致了水稻产量和品质的大幅度下降。宋广树（2010 年）认为不同水稻品种在 8～12℃ 的低温处理下，根系活力与处理天数呈反比，并均呈现良好的线性关系；同时不同温度处理下不同水稻品种的根系活力均表现为品种差异大于处理差异，进而证明了水稻根系活力与水稻品种特性关系密切。刘媛媛（2008 年）认为高温胁迫下，剑叶的光合速率和蒸腾速率、总叶绿素含量、气孔导度和胞间 CO_2 浓度均下降。杨爱萍（2009 年）认为，近年来盛夏低温冷害对江汉平原部分中稻产地影响比较严重，主要也是冷害持续时间延长和强度增大的结果。

在旱田作物方面，朱荷琴等（2003 年）研究发现，高温胁迫对棉花病原菌致病力影响较明显，随着温度升高，菌株产生菌核减少。裴红宾等（2006 年）认为，改变根区温度对小麦根系抗氧化酶活性影响显著，高温胁迫能够抑制小麦根系生长，表现为根长、根重、根系活性吸收面积与总面积及根冠比均明显低于中温处理，而株高和地上鲜重却略有上升，低温胁迫对小麦地上部的影响大于根系；在根部温度胁迫逆境条件下，小麦根系不是被动忍受逆境胁迫，而是主动地通过调节根系活力以减缓逆境伤害。孟焕文等（2006 年）认为，番茄在温度胁迫下，幼苗生长量下降，根系和地上部鲜重降低；在低温和亚低温胁迫下，光合色素含量下降；在亚高温胁迫下，光合色素含量上升；温度胁迫导致气孔导度和光合强度先下降后上升。

国外研究温度胁迫对作物影响的文献比较少，Prakash（2009 年）认为在高温胁迫引起的众多生理变化中，光合作用是最敏感的生理反应之一。Petcharat 等（2009 年）认为苗床不同温度处理可以影响秧苗素质。Takuma 等（2001 年）认为不同温度处理易使稻粒爆腰形成。Hongbin 等（2006 年）认为通过实施不同灌溉方式改变低温从而改变水稻形状和产量的形成。Reyes 等（2003 年）认为短期低温胁迫有利于提高育秧期秧苗素质。Andaya 等（2003 年）认为，改变数量性状遗传位点可改变水稻营养期的耐低温性。

由上可知，国内外在温度胁迫研究方面着眼点主要是在温度胁迫对作物的生理指标、生态指标及生长发育影响和通过改变基因来增强耐性等研究。

虽然，国内一些学者研究了水稻遭遇温度胁迫的一些解决方法，比如，在东北寒区，在育秧期，抵御温度胁迫的方法主要是通过育秧棚内加热来抵御低温胁迫，通过通风方式来抵御高温胁迫，但时效性差，在发现温度胁迫时，已对秧苗造成一定影响；在本田管理期间，主要通过晒水池、渠道增温和控制水层来调节、抵御温度胁迫，但成本比较大且费工。如何通过栽培方式改变来解决温度胁迫的研究却鲜见报道。

1.2.4 风力胁迫对农业生产的影响

风是指由空气流动引起的自然现象，气象学中是指空气相对于地面的水平运动。风在给人类带来清洁能源和凉爽天气的同时，对农业生产也带来不同的影响。

风对农业生产具有积极作用研究方面，李月英等（2009 年）认为，风能够帮助农作物安家落户及传宗接代，调节二氧化碳浓度、提高光合作用、带来丰沛雨水和扩展农作物的种植范围。曹宝顺等（2013 年）认为，在强烈的光照条件下，风能够使植被群体内温度与外界环境温度相平衡，并加快植株的蒸腾，降低植株表面的温度，避免日灼现象。

风对农业生产具有不利作用研究方面，张琳琳等（2013 年）认为风对陆地植物的发育、生长和繁育具有重要影响。陈冠文等（1997 年）认为，风害能够使棉株叶片枯萎，主茎顶端弯曲，最后促使棉株死亡。陈文万等（2013 年）认为，台风可以直接毁坏农作物，淹没农田，使农业耕地遭到泥沙石等次生灾害，导致土壤质量下降，影响农作物的生产。孙新建（2002 年）认为，棉花幼苗期经大风一吹，就造成植株的子叶、生长点和靠近子叶的幼茎干枯而死亡。

由上可知，风对农业生产各方面的影响，尤其是不利影响，已引起有关学者的重视，并展开相关研究。根据对东北地区多年气候材料的分析，水稻移栽期风力过大已对水稻生产产生一定的影响，其中水稻移栽后漂秧率升高便是其一。但由于大田风力较难控制，此方面的问题有关科研人员尚未展开研究。

因此，随着水稻生产人工费不断攀升，在寒区展开风力胁迫对移栽期漂秧率的影响具有重要的理论和现实意义。

1.2.5 水稻品质影响因素研究

大量研究实践表明，环境、水稻品种和栽培方法共同决定着稻米的产量与品质，构成影响稻米品质（食味）的三大要素，但也有研究表明，在同等条件下（同环境、同品种、同栽培方法），物理方法诱导对水稻品质也产生一定影响。

1. 栽培方法

水稻栽培方法主要有育秧方式（旱作、水作）、稻田耕作模式、栽培方式和本田管理等方面，目前国内研究大部分集中在栽培密度和育秧方式（针对平育秧方式）对水稻品质的影响。王成瑗等（2004 年）认为，适宜栽培密度可使蛋白质含量提高和使垩白率、直链淀粉含量降低，从而使外观品质、食用品质和营养品质提高。徐春梅等（2008 年）认为蛋白质含量随栽插密度提高略有增加。盛海君等（2003 年）认为，水稻旱种后籽粒长和宽变小，半腐解秸秆覆盖旱作处理稻米垩白度变小，碾磨品质得到改善，籽粒蛋白质含量提高，峰值黏度、低谷黏度、崩解值、最终黏度和峰值时间低，回复值和糊化温度高于水作，米饭质地和口感下降。王慧新等（2007 年）认为，水稻插秧穴距超过 20 cm 或每盘播种量超过 80 g 会降低加工品质；单位面积穗数与每穗粒数间存在显著的负相关，糙米率、精米率、整精米率间存在显著的正相关，垩白度与垩白粒率间存在显著的正相关。

2. 物理诱导

大量研究发现，外界物理诱导（如声、光、电、磁和机械等）对作物的生长发育具有明显影响，从而能够影响作物品质。任万军等（2003 年）认为遮阴处理后，对糙米率、精米率、整精米率、透明度和胶稠度影响显著或极显著降低；对垩白米率和垩白度影响显著或极显著升高，对直链淀粉含量影响显著降低、蛋白质含量影响显著升高；并讨论弱光下稻米品质变劣原因及提高品质途径。鲍正发等（2004 年）认为空间诱变可使稻米品质提高。戴云云等（2009 年）认为，夜间增温使糙米率、精米率和整精米率降低，增加垩白发生率，使稻米加工品质和外观品质下降。毛晓艳等（2007 年）认为水稻籽粒的加工品质、外观品质和蒸煮食味品质都随辐射增加而下降。黎国喜等（2010 年）认为，超声波处理对改善稻米外观品质有明显效果。殷红等（2009 年）认为，增强紫外线-B 能够降低水稻籽粒糙米率、整精米率、垩白粒率、籽粒面积和脂肪酸含量，使籽粒中蛋白质含量和直链淀粉含量增高。

3. 环境胁迫

实验表明，稻田环境因素胁迫对稻米品质影响显著。郑建初等（2005 年）研究发现，抽穗期高温使稻米的整精米率降低和使稻米的垩白率、垩白度提高，但对糙米率影响不显著。金正勋等（2005 年）认为，研究灌浆成熟期温度可使水稻籽粒蛋白质含量提高和使直链淀粉含量、食味值降低。滕中华等（2008 年）认为，高温胁迫下的成熟稻米总淀粉及直链淀粉含量降低，蛋白质含量升高，垩白度上升而千粒重下降。盛婧等（2007 年）认为，灌浆结实期高温处理后籽粒结实率显著降低，粒重下降，外观品质和食味品质变差；此外灌浆结实期不同时段的高温胁迫对稻米品质影响也存在显著差异。蔡一霞等（2006 年）认为，结实期水分胁迫可使整精米率有所提高，但垩白度却显著增加，外观品质变劣。谢立勇等（2009

年）认为，随 CO_2 浓度和温度升高，稻米加工品质和外观品质均有下降趋势，而蒸煮品质上升。

由上可知，栽培方法对水稻品质影响研究倾向于水稻旱作和栽培密度对稻米品质影响，并且是基于平育秧栽培模式情况下进行。利用寒区新型水稻育秧载体育秧是一种新型栽培方式，而目前针对这种水稻新型钵育方式对稻米品质影响的报道尚未见到。

1.2.6 水稻土壤特性影响因素

稻田土壤特性受稻田环境、栽培模式、本田管理方式以及外在条件等因素影响。方学良（1985 年）认为，土壤质地是反映土壤物理特性的一个综合指标，是影响土壤肥力的一个极其重要的因素，它和土壤性质与肥力有着密切的关系；土壤质地常常是决定土壤的蓄水、导水、保肥、供肥、保温、导热、通气、耕性、微生物种类及其活动等性能的主要因素之一，而土壤的这些性能在生产上又起着重要的作用。Swarup 等（1990 年）进行 12 年水稻-麦轮种制度和施肥对钠质土土壤特性及作物产量的影响研究，结果发现在钠质土上，连续单施 N 肥或配施 P、K，可显著提高土壤有效 N 含量；单施 N 肥，则会使有效 P、K 含量降低，连作可使土壤 pH 降低。龚庆维等（2006 年）认为，常年连作免耕有助于改善土壤的物理结构和增强土壤持水保肥能力；而且免耕田耕作层有机质、全 N、全 P、有效 K、速效 P、有效 N 含量均高于翻耕；免耕栽培有利于水稻根系发育和在土壤中的分布，同时免耕可大幅度提高水稻根系的吸收活力。冯跃华（2008 年）研究发现免耕直播对一季晚稻土壤特性有显著影响，与翻耕直播稻田相比，免耕直播稻田可使土层容重降低，使总孔隙度、毛管孔隙度、通气孔隙度和毛管持水量增加，土层的毛管孔隙度、土层的通气孔隙度也分别增加，土层 pH 增加，也可使土层有机质、全 N、碱解 N、有效 P 含量增加。郝建华等（2010 年）在研究稻麦轮作发现，小麦秸秆还田初期，土壤 pH 和氧化还原电位对照降低，但土壤微生物显著增加，土壤矿质 N 含量减少；还田后期，土壤矿质 N、速效 P、速效 K、有机质含量显著增加。董稳军等（2013 年）认为，施用改良剂能够改善土壤理化性状，提升土壤速效养分和 pH；施用不同土壤改良剂在水稻各生育期均能有效增强土壤微生物呼吸强度和放线菌数量，并且放线菌数量达到差异显著水平，生物活性炭处理下土壤呼吸强度和放线菌数量分别较对照增加。

由上可知，前期稻田土壤特性研究侧重于轮作、施肥、保护性耕作方式等因素对其造成的影响。寒区新型水稻育秧载体带钵移栽秧盘在机械插秧时秧苗随钵体一起移栽入大田，这种移栽方式和其特殊的制作材料必将对稻田土壤产生一定影响，也是部分农户目前对带钵移栽秧盘栽培技术质疑（是否对土壤有害）的焦点，而且目前对这方面的研究尚缺，需要加强研究。

综上，通过对国内外相关研究的内容进行分析，可以得知：

（1）虽然国内外一些学者开发出以稻草为主原料的水稻钵育载体，但此种水稻钵育载体一方面结构完全参照日本塑料钵盘，缺乏结构设计方法探讨，另一方面在实际应用中由于其强度低，在起苗时易断裂，影响后续作业。

（2）早期水稻钵育载体生产系统采用热压和模具平动的方法，生产率较低。

（3）对水稻秧苗受环境突变适应性的研究，都是基于平育秧盘栽培模式。

总之，围绕以稻草为主原料设计高强度水稻带钵移栽秧盘，采用冷压及模具圆周运动实现带钵移栽秧盘快速成型，以及基于新型育秧载体栽培模式对环境突变的适应性等方面的研究鲜见报道，因此，本研究具有较强的实践意义和理论价值。

1.3　研究目标与研究内容

1.3.1　研究目标

通过剖析目前寒区水稻生产过程中存在的问题，利用农作物废弃物设计开发出一款新型水稻育秧载体，明确带钵移栽秧盘的设计方法，确定带钵移栽秧盘快速实现方式及确定其优化参数；在分析寒区多年气候资料和未来气候发展趋势的基础上，探究新型水稻育秧载体对寒区水分胁迫、温度胁迫（缓苗期前）以及风力胁迫（移栽期）的适应性，探明带钵移栽秧盘对水稻生产综合效益（含社会效益）的影响。

1.3.2　研究内容

1.　带钵移栽秧盘设计

通过力学和大棚育秧相结合的试验方法，研究和确定带钵移栽秧盘的结构设计方法，探讨设计前后期育秧载体结构强度。

2.　带钵移栽秧盘生产系统

结合水稻育秧载体在实现过程中存在的问题，开发1套快速实现方式及配套装备，探究和确定其最佳结构实现参数。

3.　带钵移栽秧盘对寒区气候适应性

首先，通过对我国寒区多年气候资料分析，确定水稻生产过程遇到的环境胁迫及程度；其次，通过盆栽试验，研究带钵移栽秧盘模式下不同水分处理的水稻耗水规律及其对水稻生产的影响，确定水分生产函数和水分利用效率；研究带钵移栽秧盘在育秧期对低温胁迫和高温胁迫的适应性；研究带钵移栽秧盘对寒区水稻移栽期风力胁迫造成的漂秧率影响，结合水稻产量确定最佳移栽农艺要求。

4. 带钵移栽秧盘对寒区水稻生产综合效益影响

通过多年田间试验，研究带钵移栽秧盘对水稻生产经济、生态以及社会效益的影响。

1.4 研究方法及技术路线

本书采用实验室研究与田间试验验证相结合的手段，旨在寻求适于我国寒区气候特点的新型水稻栽培模式。研究技术路线如图 1-1 所示。

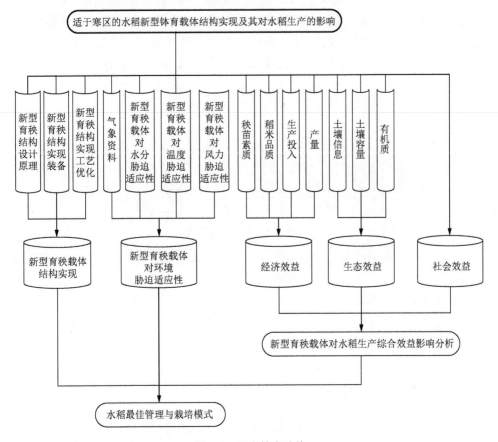

图 1-1 研究技术路线

第2章 水稻带钵移栽秧盘设计

水稻栽培模式一般分为直播和移栽等方式，直播栽培模式适应于播种期地温较高的地区，诸如我国江浙和两广地区；移栽栽培模式适应范围则更广。

对于我国寒区，由于播种期低温和水稻生育周期（120 d 左右）限定，直播栽培模式具有一定局限性，产量很难达到较高水平，因此，在我国寒区水稻生产一般采用移栽栽培模式。

早期在我国寒区水稻移栽栽培模式一般采用蜡纸平育秧盘作为育秧载体（图2-1），其初期对提高水稻产量等起着非常重要的作用，但随着全球气候变化，此种育秧载体已逐渐不能适应气候变化对水稻生长的影响。实践证实，水稻钵育栽培技术是解决这一问题的有效手段之一，其核心便是配套育秧载体的设计与开发。

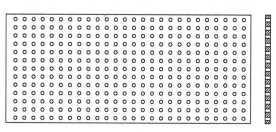

图2-1　平育秧盘

目前国内外水稻钵育栽培模式中育秧载体存在诸多问题，在我国推广具有一定的局限性，因此，亟须开发一种带钵移栽秧盘。

本章借鉴日本水稻塑料钵育秧盘结构设计理念，结合我国寒区水稻生产实际，设计一款水稻带钵移栽秧盘。目前国内外钵育秧载体在结构设计上完全照搬日本水稻塑料钵盘，缺乏对其结构设计方法的深入探讨。本章以此为切入点，重点探讨带钵移栽秧盘结构设计方法。

研究结果对丰富我国农作物钵育栽培理论具有重要意义。

2.1 带钵移栽秧盘设计思想

由于我国每年有大量的作物残余物被不合理使用，其含有大量适合作物生长的营养物质，如将作物残余物与水稻育秧载体结合起来，即选取植物残余物为主原料，移栽时这些材料又能返回田地，在土壤中经微生物分解形成有机物质，如氮、磷、钾等，能够增进土壤肥力和改善土壤结构。传统水稻育秧方式采用平育秧方式，也就是利用带孔蜡纸作为育秧载体（平育秧盘），育秧时水稻种子（经催芽处理）、底土和表土按照不同层次均匀地铺撒（或机播）于平育秧盘内（图 2-2），移栽时秧苗根部与育秧土相互盘结于一体，从而能够实现连续移栽，如图 2-3 所示。

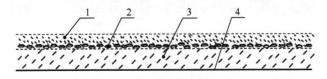

图 2-2　平育秧盘播种状态

1. 表土；2. 种子；3. 底土；4. 平育秧盘

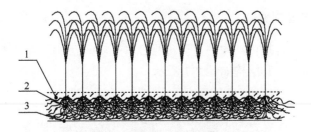

图 2-3　平育秧盘秧苗移栽状况

1. 育秧土；2. 秧根；3. 平育秧盘

此种育秧方式在实现水稻秧苗移栽及水稻秧苗机械插秧等方面做出突出贡献，但此种育秧方式存在的根本问题在于移栽时秧针对秧苗根部损伤大（图 2-3），是提高水稻单产水平的一大障碍。

假设让一定量水稻种子生长在单一空间（图 2-4），秧苗根部只在单一空间内盘结，并以单一空间内所有秧苗为移栽单元，从而避免秧针对秧苗根部损伤，此便是水稻钵育思想所在。将众多单一空间利用一定技术手段组合起来便组成带钵移栽秧盘。综合水稻秸秆和钵苗一体移栽，如图 2-5 所示，此便是带钵移栽秧盘的设计思想。

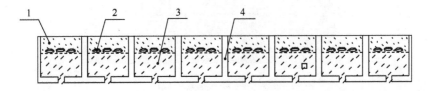

图 2-4　带钵移栽秧盘播种状态

1. 表土；2. 种子；3. 底土；4. 新型钵育载体

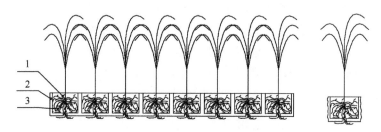

图 2-5　带钵移栽秧盘移栽状态

1. 育秧土；2. 新型钵育载体；3. 秧根

2.2　带钵移栽秧盘早期探索

2.2.1　结构及其实现方法

早期的水稻钵育载体结构是完全参照日本塑料钵盘（图 2-6）结构参数经一定技术手段压制而成，其结构如图 2-7 所示。

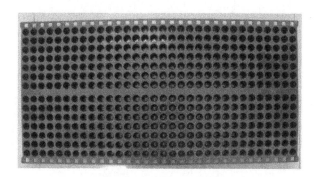

图 2-6　日本塑料钵盘

图 2-7　早期水稻育秧载体

早期的水稻育秧载体横向（相对于插秧机秧箱，下同）14 孔，长度 280 mm；纵向 29 孔，长度 600 mm。

2.2.2　应用中存在的问题

　　由于早期的水稻育秧载体结构参数是完全参照日本钵盘结构参数制备而成，两者制备材料（稻草和塑料）性质存在差异。在实际应用中水稻育秧载体在育秧大棚湿热环境作用下（播种后 40～45 d）强度降低，起盘（常规起盘方式如图 2-8 所示）时易断裂（图 2-9）。

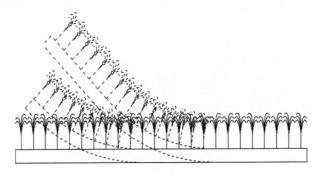

图 2-8　常规起盘方式

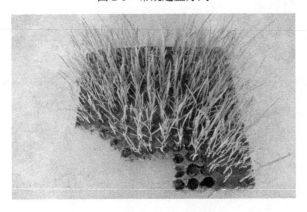

图 2-9　断裂后的水稻育秧载体

2.3　带钵移栽秧盘结构设计

　　为减小起盘时秧苗根部对水稻育秧载体的牵拉作用，增强水稻育秧载体强度，考虑将早期的水稻育秧载体整体结构缩小，形成带钵移栽秧盘。

2.3.1　总体结构

　　依照水稻钵育理念，结合水稻农艺要求，就早期水稻育秧载体存在的问题和改进思路，对早期水稻育秧载体进行改进设计。带钵移栽秧盘总体结构如图 2-10 所示，主要由钵孔、立边和通气及纵向进给孔组成。钵孔是水稻种子生长空间；

立边是相邻带钵移栽秧盘钵孔连接部分（相邻钵孔共用 1 个立边），主要用来保证带钵移栽秧盘完整；通气及纵向进给孔主要用来保证带钵移栽秧盘底部空气流通及实现纵向有序移栽。

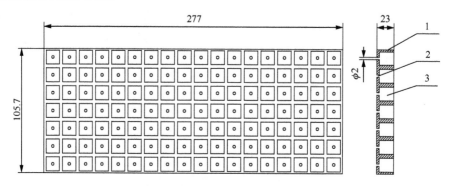

图 2-10　带钵移栽秧盘

1. 立边；2. 通气孔；3. 钵孔

2.3.2　主要设计参数

结合水稻农艺要求，带钵移栽秧盘主要结构参数如表 2-1 所示。

表 2-1　主要结构参数

项目	数值
单行钵孔总数/穴	18
钵孔总数/穴	126
单一钵孔播种量/粒	3～4
横向尺寸/mm	277
纵向尺寸/mm	105.7
钵孔深度/mm	20
厚度/mm	23

2.3.3　操作过程

播种前先将底土（4～5 mm）覆盖在带钵移栽秧盘钵孔底面，然后利用精量播种技术及配套装置播种，保证每穴钵孔内播种 3～4 粒，然后在水稻种子表面覆盖表土。播种完毕后将带钵移栽秧盘移送至育秧大棚育秧，利用传统育秧方法40～45 d 可培育出带蘖状苗。经过一定时期炼苗，育秧期结束，将钵苗移送至插秧机移栽，移栽时钵孔随带钵移栽秧盘钵苗一起移栽大田，带钵移栽秧盘钵孔在土壤生物作用下降解，释放出营养物质，促进水稻生长，从而结束 1 个带钵移栽秧盘生命周期，也完成 1 次水稻生产过程。

2.4　关键结构及尺寸

早期水稻育秧载体主体结构及尺寸完全仿照日本塑料钵盘，由于两者加工材料和移栽方式不同，其结构及尺寸设计依据必定与日本塑料钵盘存在差异，目前国内外对此研究（包括日本塑料钵盘设计依据）鲜见报道，本节结合水稻农艺要求，通过育秧试验，重点探讨带钵移栽秧盘结构设计方法。

2.4.1　横向设计尺寸

带钵移栽秧盘横向（相对于插秧机秧箱单一秧苗放置空格）尺寸确定主要基于以下考虑：

（1）带钵移栽秧盘是由水稻秸秆为主原料加工而成，试验证实，在育秧期间其横向易受育秧大棚湿热环境影响而膨胀；

（2）目前市场上常用插秧机秧箱单一秧苗放置空格横向尺寸为 285 mm，即移栽前的带钵移栽秧盘横向总尺寸（含膨胀量）不应超过 285 mm。

基于以上考虑，带钵移栽秧盘横向尺寸最大值为

$$B = \frac{285}{1+\delta} \tag{2-1}$$

式中，B——带钵移栽秧盘横向尺寸最大值，mm；

　　　δ——带钵移栽秧盘最大膨胀率，%；

　　　285——常用插秧机秧箱单一秧苗放置空格横向尺寸，mm。

结合常规育秧方法，在育秧大棚内对带钵移栽秧盘横向尺寸膨胀规律实地观察，观察结果如表 2-2 所示。

表 2-2　带钵移栽秧盘膨胀率观测结果

生长期	育秧大棚最高温度/℃	相对湿度/%	膨胀率/%
种子根发育期（出苗期）	25	80～92	1.13～1.98
第一完全叶伸长期	28	80～90	1.57～2.01
离乳期	32	75～83	2.15～2.78
第四叶长出期	33	72～80	2.62～2.89

由表 2-2 可知，在育秧期间，带钵移栽秧盘横向尺寸最大膨胀率为 2.89%，因此，带钵移栽秧盘横向尺寸最大值 B=277 mm。

2.4.2　单行钵孔总数

由于目前市场上常用插秧机分秧次数多为 18 次，为提高通用性，确定带钵移栽秧盘单行钵孔总数为 18 穴。

2.4.3 单穴钵孔

1. 最小横截面积

钵孔应为水稻种子提供最适宜生长空间。大量试验表明，水稻种子最适宜生长空间参数如表 2-3 所示。

表 2-3 水稻种子最适宜生长空间

项目	数值
最适播种量/（粒/cm^2）	2.64
土壤厚度（含表土和底土）/mm	20.00

因此，最小钵孔横截面积为

$$S = \frac{S_1}{2.64} \tag{2-2}$$

式中，S——钵孔横截面积，cm^2；

S_1——播种量，粒；

2.64——单位面积最大播种量，粒/cm。

根据带钵移栽秧盘精量播种要求，单穴钵孔内播种量为 3～4 粒，确定最小钵孔横截面积 $S=1.14$ cm^2 和钵孔深度 $h=20$ mm。

2. 钵孔截面

在确定钵孔最小横截面积基础上，应确定钵孔横截面形状。从加工角度考虑，一般选用方形孔或圆孔，如图 2-11 所示。

图 2-11 钵孔截面

为恰当选择钵孔横截面形状，引入钵孔完整率概念。钵孔完整率是指带钵移栽秧盘钵孔在移栽大田后的合格程度。根据带钵移栽秧盘钵苗移栽要求，移栽时秧针切割后的钵孔需同时满足以下 2 个方面方为合格钵孔：

（1）实际钵孔深度为理论钵孔深度（20 mm）1/2 以上。

（2）钵孔深度（20 mm）1/2 以下部位没有任何空隙。

故钵孔完整率为

$$K = \frac{K_1}{K_2} \times 100\% \tag{2-3}$$

式中，K——钵孔完整率，%；

　　K_1——合格钵孔数，个；

　　K_2——试验钵孔总数，个。

　　根据钵育移栽要求，钵孔完整率要达 90%以上，因此，使用带钵移栽秧盘钵苗新型秧针（图 2-12）测试 2 种孔形（其中方形孔截面为圆形孔截面内接正四边形）满足钵育移栽要求几率。试验结果如表 2-4 所示。

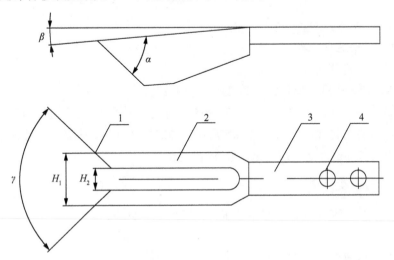

图 2-12　新型秧针

1. 切割刃；2. 针体；3. 针柄；4. 安装孔

表 2-4　不同截面形状下钵孔完整率合格几率

截面形状	钵孔完整率/%	合格几率
方形	≥90	0.91
圆形	≥90	0.36

　　由表 2-4 可知，根据带钵移栽秧盘钵苗移栽要求，钵孔截面为方形时其合格几率远大于钵孔截面为圆形时合格几率，此主要是由于截面为圆形时其立边厚度沿圆周逐渐减小，当秧针作用于立边时，极易使立边出现空隙（图 2-13），从而使钵孔完整率几率降低。

图 2-13　不合格钵孔

2.4.4 立边厚度

1. 立边厚度常规计算

立边厚度为

$$b = \frac{B - 18 \times l}{19} \tag{2-4}$$

式中，b——立边厚度最大值，mm；

　　　B——带钵移栽秧盘横向尺寸最大值，mm；

　　　l——钵孔正方形截边长，mm；

　　　18、19——横向单行钵孔总数和立边总数。

试验证实，立边越厚，改进后的带钵移栽秧盘强度越大，为提高在移栽前带钵移栽秧盘的完整性，在满足水稻农艺要求的前提条件下，应确保立边厚度最大，此时取 B=277 mm 和 l=10.7 mm，故 b=4.4 mm。

2. 立边厚度修正

根据带钵移栽秧盘钵苗移栽要求，需考虑以下问题：

（1）在移栽时，新型秧针作用于纵向相邻 2 行钵孔中间位置，此作用点距离纵向相邻立边内侧面均为 2.2 mm。

（2）在移栽时，如果 1 个带钵移栽秧盘最后 1 行立边厚度为 4.4 mm，理论上秧针切割其中间部位，则还剩下 2.2 mm 残余立边，将影响后续作业，如图 2-14 所示（尺寸 2b 为移栽时连续带钵移栽秧盘连接处 2 个立边的厚度）。

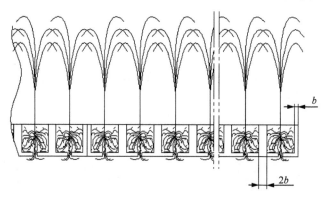

图 2-14　立边修正

综合以上问题，需对带钵移栽秧盘纵向第 1 行和最后 1 行外侧立边厚度进行修正，将此种情况下立边厚度修正为 b=2.2 mm，其余部位立边 b=4.4 mm（最后 1 行钵孔移栽由纵向进给机构来实现），可有效解决上述问题。

2.4.5　纵向尺寸

实践证实，带钵移栽秧盘不能过度卷曲，几何形心挠度不应超过许用挠度，如图 2-15 所示，可根据挠度确定带钵移栽秧盘纵向尺寸最大值，关系为

$$y_c \leqslant [y_c] \tag{2-5}$$

式中，y_c—几何形心 c 挠度，mm；

　　　$[y_c]$—几何形心 c 许用挠度，mm。

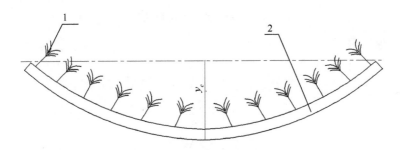

图 2-15　带钵移栽秧盘弯曲变形

1. 钵苗；2. 育秧载体

移栽时，在搬运带钵移栽秧盘时可将水稻带钵移栽秧盘视作受均布载荷作用横梁，其几何形心 c 挠度为

$$y_c = \frac{5qL^4}{384EI} \tag{2-6}$$

式中，y_c——几何形心 c 挠度，mm；

　　　q——均布载荷，kN/cm；

　　　L——带钵移栽秧盘纵向尺寸，m；

　　　E——弹性模量，GPa；

　　　I——惯性矩，mm。

经试验得到许用挠度$[y_c]$=4.2 mm，因此只需计算出均布载荷 q、弹性模量 E 和惯性矩 I 可得带钵移栽秧盘纵向尺寸最大值。

1. 弹性模量

带钵移栽秧盘弹性模量由使用试件在试验机上测试得出。将试件做成标准试块（3 穴×5 穴），由于与金属材料相比试块强度较小，所以本试验采用压缩方式测定弹性模量。如图 2-16 所示。在试验机上施加载荷，使试块在缓慢载荷作用下产生弹性形变，载荷去除后恢复原形。

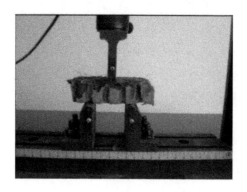

图 2-16 弹性模量测量

弹性模量为

$$
\begin{cases}
E = \dfrac{\sigma}{\varepsilon} \\
\sigma = \dfrac{F}{A} \\
\varepsilon = \dfrac{\Delta L}{L}
\end{cases}
\tag{2-7}
$$

式中，E——弹性模量，GPa；

σ——应力，GPa；

ε——应变；

A——带钵移栽秧盘横向横截面面积（去除钵孔面积），m^2；

F——作用力，kN；

ΔL——变形量，m。

经计算，$E=5.49$ GPa。

2. 几何形心

计算带钵移栽秧盘惯性矩，应先确定其几何形心及其与弯曲底面距离。建立几何形心坐标 x_1 和弯曲面坐标 x_2，如图 2-17 所示。

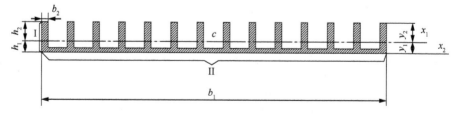

图 2-17 横向截面坐标系

假设 c 点为横向截面几何形心，y_1 和 y_2 分别表示带钵移栽秧盘弯曲底面和上表面与几何形心坐标轴距离。由于带钵移栽秧盘横向截面特殊结构，将其分为 I

（立边截面）和 II（底部截面）2 部分。带钵移栽秧盘几何形心 c 与弯曲面坐标 x_2 的距离

$$y_1 = \frac{\sum Ay}{\sum A} = \frac{A_{\mathrm{I}} y_{\mathrm{I}} + A_{\mathrm{II}} y_{\mathrm{II}} N}{A_{\mathrm{I}} + N A_{\mathrm{II}}} \tag{2-8}$$

式中，A_{I}——I 部分面积，mm^2，$A_{\mathrm{I}} = h_1 \times b_1$；

　　　y_{I}——I 部分几何形心与弯曲坐标，$y_{\mathrm{I}} = \dfrac{h_1}{2}$；

　　　A_{II}——II 部分面积，mm^2，$A_{\mathrm{II}} = h_2 \times b_2$；

　　　y_{II}——II 部分几何形心与弯曲坐标，

　　　$y_{\mathrm{II}} = h_1 + \dfrac{h_2}{2}$；

　　　x_2——距离，mm；

　　　$N = 19$。

经计算，$y_1 = 9.18 \ \mathrm{mm}$。

3. 惯性矩

惯性矩为

$$I = \frac{b_1 h_1^3}{12} + A_{\mathrm{I}} \left(y_1 - \frac{h_1}{2} \right)^2 + \left[\frac{b_2 h_2^3}{12} + A_{\mathrm{II}} \left(y_2 - \frac{h_2}{2} \right)^2 \right] \times N \tag{2-9}$$

式中，b_1——截面横向尺寸，取 $b_1 = 277 \ \mathrm{mm}$；

　　　h_1——带钵移栽秧盘底面厚度（不包括钵孔），取 $h_1 = 3 \ \mathrm{mm}$；

　　　b_2——立边厚度，取 $b_2 = 4.4 \ \mathrm{mm}$；

　　　h_2——钵孔深度，取 $h_2 = 20 \ \mathrm{mm}$；

　　　$y_1 + y_2$——带钵移栽秧盘厚度，取 $y_1 + y_2 = 23 \ \mathrm{mm}$。

经计算，$I = 12.5 \times 10^4 \ \mathrm{mm}^4$。

4. 纵向尺寸最大值

确定均布载荷 q，视带钵移栽秧盘本身重量均匀分布其底面。移栽前单一带钵移栽秧盘质量组成如表 2-5 所示。

表 2-5　移栽前单一带钵移栽秧盘质量组成

单位钵孔	质量/g
土壤	4
种子	1.3
水	10
单一带钵移栽秧盘	1 100

故

$$q = \frac{\left[1.1 \times 9.8 + (4 + 1.3 + 10) \times 18 \times n \times 9.8\right] \times \dfrac{1}{1\,000}}{L} \qquad (2\text{-}10)$$

式中，q——均布载荷，kN/m；

　　　L——带钵移栽秧盘纵向尺寸，m；

　　　n——单一带钵移栽秧盘总行数，行，$n = \dfrac{L \times 10^{-3}}{15.1}$。

综合式（2-5）和式（2-6）得：$L \leqslant 0.105\,7$ m，从应用经济性考虑，取 $L = 105.7$ mm。

2.4.6　通气孔及纵向进给孔

1. 通气孔

为保证秧苗根部空气流通，需要在带钵移栽秧盘底部留有通气孔。一方面通气孔孔径影响着空气流通量；另一方面由于秧苗根极具喜阴特性，根部向下生长，易通过通气孔扎入苗床，在带钵移栽秧盘钵苗起盘时对根部损伤较大，因此应选用合适的通气孔孔径。

大量试验表明，在通气孔孔径 $\varPhi \leqslant 2$ mm 时均能保证充足的空气流通，也能使秧苗根部损伤最小，因此在钵孔底部设计 $\varPhi = 2$ mm 通气孔。

2. 纵向进给孔

为保证纵向进给准确，纵向进给量应保证在 15.1 mm，纵向相邻通气孔间距是 15.1 mm，且带钵移栽秧盘在育秧期间纵向膨胀极小（最大 0.11%），因此选用带钵移栽秧盘横向边缘两侧通气孔作为纵向进给孔。通过田间试验，纵向进给误差控制在 ±0.5 mm，能够满足带钵移栽秧盘钵苗移栽要求。

2.5　结构强度分析

实践证实，早期带钵移栽秧盘断裂多发生在起盘阶段，此时其受力分析如图 2-18 所示。起盘时带钵移栽秧盘一端（一般为带钵移栽秧盘纵向）在 F_B 作用下缓慢抬起，此时需要克服带钵移栽秧盘重力、带钵移栽秧盘钵苗重力及育秧土重力（总称 P）和秧根牵拉力 F_L 作用，直到最后一列秧根（须根）扯断后（播种时带钵移栽秧盘下铺断根网可避免），即可完成起盘作业。

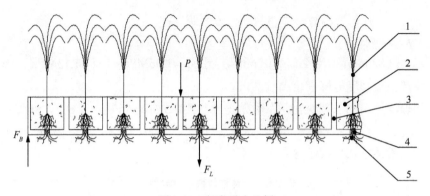

图 2-18 起盘受力分析

1. 秧苗；2. 育秧土；3. 带钵移栽秧盘；4. 通气孔；5. 须根

为便于对带钵移栽秧盘进行结构强度分析，需要对带钵移栽秧盘起盘过程进行简化和假定：

（1）假定带钵移栽秧盘重力、带钵移栽秧盘钵苗重力及育秧土重力（总称 P）为作用于带钵移栽秧盘的均匀载荷。

（2）假定同一带钵移栽秧盘内的带钵移栽秧盘钵苗所有秧根所受牵拉力 F_L 相同，并看作均匀载荷。

因此，可将带钵移栽秧盘起盘受力看作简单超静定梁，受力如图 2-19 所示。

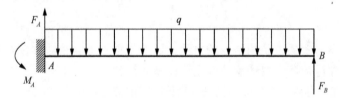

图 2-19 起盘过程简化

起盘时其弯矩图如图 2-20 所示。

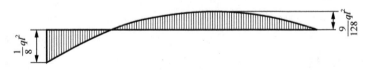

图 2-20 弯矩图

对于带钵移栽秧盘，

$$\sigma_{\max 18} = \frac{M_{\max 18} \times y_2}{I} \tag{2-11}$$

式中，$\sigma_{\max 18}$——带钵移栽秧盘最大正应力，MPa；

$M_{\max 18}$——最大扭矩，N·m。

y_2——几何形心与带钵移栽秧盘表面距离；

I——惯性矩。

$y_2 = 13.82$ mm，$I = 12.5 \times 10^4$ mm^4，$\sigma_{max18} = 1.06$MPa $< [\sigma] = 1.13$MPa。因此，带钵移栽秧盘强度能够满足起盘要求。

同理，对于带钵移栽秧盘（带钵移栽秧盘力学参数如表 2-6 所示），$\sigma_{max14} = 1.22$ MPa。由于 $\sigma_{max} < \sigma_{max14}$，说明带钵移栽秧盘强度得到改善，经计算，$\sigma_{max18}$ 提高 15.09%，能够满足带钵移栽秧盘起盘要求。

表 2-6　带钵移栽秧盘力学参数

项目	带钵移栽秧盘	
	改进前	改进后
y_1 /mm	6.11	9.18
y_2 /mm	16.89	13.82
单一钵孔土苗总质量/g	17.00	15.00
单一钵孔秧根牵拉力/N	0.43	0.43
I/mm^4	29.2×10^4	12.5×10^4
弹性模量/GPa	5.49	5.49

2.6　小　　结

通过力学与育秧试验相结合的方法，结合早期水稻育秧载体在实际应用中存在的问题，探讨带钵移栽秧盘结构设计原理，得到以下结论：

（1）对带钵移栽秧盘总体结构进行设计，确定带钵移栽秧盘关键尺寸：横向尺寸 277 mm，单行钵孔总数为 18 穴，最小钵孔横截面积 1.14 cm^2，钵孔深度 20 mm，钵孔截面为方形，纵向第 1 行和最后 1 行外侧立边厚度修正为 2.2 mm，其余部位立边 4.4 mm 和纵向尺寸为 105.7 mm。

（2）带钵移栽秧盘底部留有通气孔，孔径为 2 mm。

（3）与早期育秧载体结构进行强度对比，结果表明，带钵移栽秧盘正应力 σ_{max18} 较早期育秧载体提高 15.09%，能够满足带钵移栽秧盘起盘基本要求，避免起盘时断裂。

第3章 带钵移栽秧盘生产系统开发

在探讨带钵移栽秧盘设计方法的基础上，下一步就是如何将其转化为现实，首先需要开发带钵移栽秧盘生产系统。

本章在早期水稻育秧载体生产装置的基础上，结合带钵移栽秧盘结构特点，开发出一款带钵移栽秧盘结构生产系统，即连续式带钵移栽秧盘冷压成型系统。较早期热压成型技术，冷压成型技术将成型模具上下平动改为圆周运动，可使带钵移栽秧盘连续成型，从而极大地提高带钵移栽秧盘生产效率；在压制过程中，热压成型技术需对成型模具加热来加速混料成型；冷压技术则不需要，能够有效节约能源。

研究结果对加快我国育秧载体产业兴起具有重要意义。

3.1 早期水稻育秧载体实现装置及存在的问题

3.1.1 早期水稻育秧载体生产装置

早期黑龙江八一农垦大学张欣悦等（2011年）利用模具高压（压力）和添加剂固化成型技术，成功地制备出水稻育秧载体，并开展成型工艺优化研究，此种配套装备（图3-1）和制备方法（图3-2）能够制备出性能良好的水稻育秧载体。

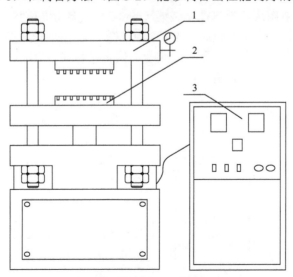

图 3-1　早期水稻育秧载体生产装置

1. 压力系统；2. 成型模具；3. 控制系统

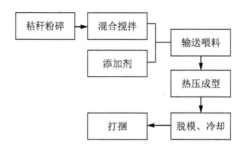

图 3-2 早期水稻育秧载体制备工艺流程

3.1.2 存在的问题

早期水稻育秧载体生产装置作业时需要不停地开启模具、填料及加热才能持续不断的完成水稻育秧载体成型，耗时长，效率低，不能满足实际生产需要。

3.2 带钵移栽秧盘生产系统总体设计

3.2.1 设计思路

将成型模具上下平动改为圆周运动，可使带钵移栽秧盘连续成型，从而极大地提高带钵移栽秧盘生产效率和降低生产成本。

3.2.2 总体设计

主要由混料（稻草粉和添加剂经物理掺和）搅拌装置、成型装置、退盘条复位装置及附属装置组成。混料搅拌装置（图3-3）主要由混料室、螺带搅拌机构、出料机构、传动机构和机架组成；成型装置（图3-4）主要由成型辊、容料辊和退盘条组成；退盘条复位装置主要由安装座、固定轴和固定板组成；附属装置主要由混料输送铺放机构和切断机构组成。

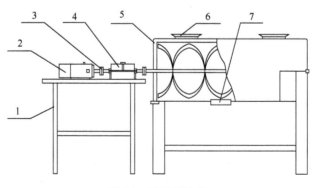

图 3-3 混料搅拌机

1. 机架；2. 电机；3. 联轴器；4. 减速器；5. 螺旋带；6. 喂料口；7. 出料口

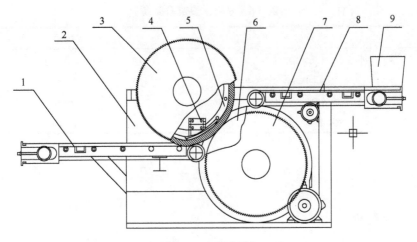

图 3-4　冷压成型机

1. 输出带；2. 机架；3. 圆形钢板；4. 退盘机构；5. 成型辊；6. 容料辊；7. 圆形钢板；8. 输料带；9. 料槽

3.2.3　作业过程

将去除枝叶的水稻秸秆切成 10～12 cm 小段后粉碎，粉碎后的稻草粉如图 3-5 所示。

图 3-5　粉碎后的稻草粉

将稻草粉和添加剂按照一定比例放入混料室，在搅拌机搅动下，混料充分混合，搅拌均匀后直接经输送带传送到容料辊型腔，在成型辊和成型钵体作用下，带钵移栽秧盘连续成型；在退盘条和退盘机构作用下，带钵移栽秧盘与成型辊脱离；在切条作用下，将带状带钵移栽秧盘切割成按尺寸要求的带钵移栽秧盘，在输送带作用下将其传送到储备室备用。

3.2.4　系统主要技术参数

系统主要技术参数如表 3-1 所示。

表 3-1   系统主要技术参数

项目	数值
外形尺寸（长×宽×高）/mm	9 540×567×1 832
总功率/kW	7.00
搅拌效率/（kg/min）	748.44
成型效率/（盘/h）	300.00

3.3   主要工作部件设计

3.3.1   搅拌装置

1. 设计思路

为将混料搅拌充分，理想运动状态（图 3-6）是混料在搅拌室实现 X、Y、Z 3 个直线运动和 A、B、C 3 个旋转运动。如同时实现 6 个运动，在单一传动下，需采用双螺旋带搅拌系统，如图 3-3 中 5 所示。工作时，混料颗粒在螺旋带作用下做 X、Y、Z 3 个直线（近抛物线）和 B 向旋转运动，在颗粒间摩擦作用下，混料颗粒间做 A 和 C 向旋转运动，从而使混料搅拌均匀。

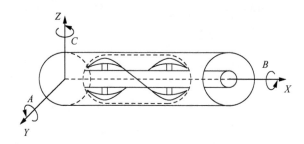

图 3-6   混料理想运动状态

2. 搅拌室容积

搅拌室容积为

$$V = \frac{q}{\psi \gamma} \tag{3-1}$$

式中，ψ ——搅拌室充满系数，一般取 ψ =0.6~0.8；

q ——混料质量，kg；

γ ——混料容重，kg·m³。

将 ψ =0.6，q =250 kg，γ =330 kg·m³ 分别代入式（3-1）中，得 V =1.26 m³。

3. 搅拌室尺寸

搅拌室长度 a 和高度 h 据经验公式确定，即

$$a = (1.5 \sim 3.5)b \tag{3-2}$$

$$h = (0.6 \sim 0.8)b \tag{3-3}$$

式中，　a——搅拌室长度，mm；

　　　　b——搅拌室宽度，mm；

　　　　h——搅拌室高度，mm。

取 b=1 200 mm，则 a=1.6　b=1 920 mm，h=0.8　b=960 mm。

4. 螺旋带内外直径

为使混料在较短时间内搅拌均匀，采用双层螺带布置，外层螺带直径为

$$D_1 = b - 2\lambda \tag{3-4}$$

式中，　λ——外层螺带与槽底间隙，一般取 2～8 mm，取 λ=2 mm。

得 D_1=1 196 mm。

内层螺带直径由经验公式确定，即

$$D_2 = \frac{K(D_1 b_1 - b_1^2) + b_2^2}{b_2} \tag{3-5}$$

式中，　K——比例系数，一般取 1～1.9；

　　　　b_1——外层螺带宽度，一般取 20～25 mm；

　　　　b_2——内层螺带宽度，常取 35～170 mm。

将 K=1.5，D_1=1 196 mm，b_1=20 mm 和 b_2=35 mm 代入式（3-5）可得 D_2=1 043 mm。

5. 搅拌轴转速

搅拌轴转速 n 可由经验公式确定，即

$$n = \frac{60v}{\pi D_1} \tag{3-6}$$

根据试验统计，一般外层螺带线速度 v=0.83～1.7 m/s，取 v=1.69 m/s，则 n=27 r/min。

6. 生产率

生产率为

$$Q = \frac{60V\psi\gamma}{T} \tag{3-7}$$

式中，V ——搅拌室容积，m^3；

T ——搅拌混料所需时间，min，一般情况下搅拌混料 T=16～20 min。

将 V=1.26 m^3，ψ=0.6，γ=330 kg/m，T=20 min 代入式（3-7）中，得 Q=748.44 kg/min。

7. 搅拌装置配套动力

搅拌装置配套动力为

$$P = k_1 Q \tag{3-8}$$

式中，k_1——经验系数，一般取 0.001 2～0.001 5。

取 k_1=0.001 5，Q=748.44 kg/min 代入式（3-8）中，得 P=1.12 kW。

3.3.2 成型装置

成型装置总体结构如图 3-7 所示，其主要由容料辊、成型辊和退盘条复位机构组成。

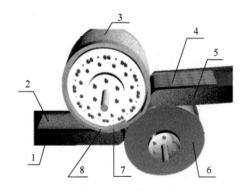

图 3-7　成型辊装置

1. 输出机构；2. 带钵移栽秧盘；3. 成型辊；4. 混料；
5. 送料装置；6. 容料辊；7. 退盘条复位结构；8. 退盘条

作业时，成型辊和容料辊转动，成型辊上的退盘条在容料辊两侧圆形钢板侧壁挤压下，向成型辊里侧移动；同时混料在送料装置内平铺，在输送装置作用下，混料进入容料辊，在成型辊挤压下，带钵移栽秧盘成型；在退盘条复位结构作用下使退盘条恢复到原位置，促使带钵移栽秧盘与成型辊脱离，在输出机构作用下输送到贮藏室备用。

1. 容料辊

容料辊如图 3-7 中 6 所示，结构如图 3-8 所示，其主要由圆形钢板、轴承盖、轴承、钢圈、螺栓、螺母和传动轴组成。圆形钢板里侧有圆形槽（与传动轴同圆心）（槽深 h=10 mm，宽度 w=35 mm），装配时将钢圈装入圆形槽内，钢圈外表面与圆形钢板形成一个型腔，其主要用来容纳混料和形成纵向传动孔（钢圈有凸状销），根据要求，型腔宽度 $\delta = 277$ mm，深度 $\varepsilon = 23$ mm。

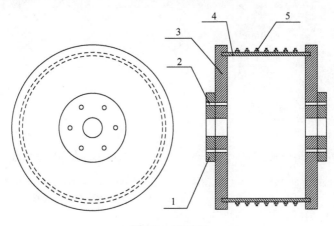

图 3-8　容料辊

1. 轴承盖；2. 螺栓；3. 圆形钢板；4. 钢圈；5. 凸状销

2. 成型辊

成型辊主要由扇形成型钵体、退盘条、圆形钢板、轴承盖、轴承、螺栓、螺母和传动轴组成。总体结构如图 3-9 所示。

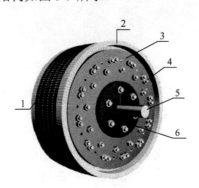

图 3-9　成型辊

1. 扇形成型钵体；2. 退盘条；3. 圆形钢板；4. 螺栓及螺母；5. 传动轴；6. 轴承盖

（1）扇形成型钵体及装配，如图 3-10 和图 3-11 所示。扇形成型钵体由线切割加工而成，每个扇形成型钵体含 15 个成型钵体。扇形成型钵体扇形夹角 $a = 20°$，边长 $l = 280$ mm，安装关系如图 3-11 所示，装配后的扇形成型钵体周围相邻间距 $\beta = 1.2$ mm，其用螺栓和螺母连接，每 18 个扇形成形体为一组（图 3-12），1 个成型辊共 18 组。

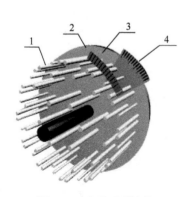

图 3-10   扇形成型钵体

1. 螺栓；2. 圆形钢板；3. 塑料钵体；4. 成型钵体

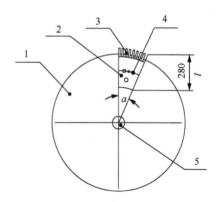

图 3-11   扇形成型钵体安装

1. 圆形钢板；2. 扇形成型钵体；
3. 成型钵体；4. 安装孔；5. 传动轴

图 3-12   1 组扇形成型钵体

（2）退盘条及装配，结构简图如图 3-13 所示，由四氟乙烯和钢板镶和而成。与扇形成型钵体装配如图 3-14 所示。在挤压成型过程中，由于混料和成型钵间有一定黏合作用，带钵移栽秧盘不易与成型辊脱离。工作时退盘条与容料辊两侧圆形钢板接触时（图 3-7），成型辊内的扇形成型钵体作用于容料辊型腔内的混料，退盘条两侧与容料辊两侧圆形钢板上端接触，在挤压作用下，退盘条向扇形成型钵里侧移动；当退盘条不与容料辊两侧圆形钢板接触时，在退盘复位机构作用下复位，从而使成型的带钵移栽秧盘与成型辊脱离。

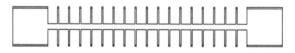

图 3-13   退盘条

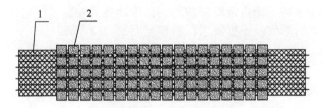

图 3-14　退盘条安装

1. 退盘条；2. 扇形成型钵体

3.3.3　退盘条复位装置

在退盘条远离容料辊时，为保证连续作业，需将退盘条进行复位。退盘条复位机构如图 3-15 所示。

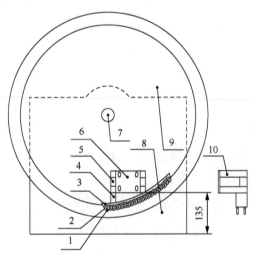

图 3-15　退盘条复位装置

1. 轴承；2. 固定轴；3. 固定板；4. 立柱；5. 支撑柱；
6. 安装座；7. 传动轴；8. 机架；9. 成型辊；10. 方管

退盘条复位机构安装座安装在成型辊两侧机架上，固定轴位于成型辊退盘条里侧，退盘条复位机构不随成型辊做圆周运动，在固定轴推动下，使退盘条复位。

3.3.4　附属装置

1. 混料输送铺放机构

带钵移栽秧盘质量与混料厚度（送入容料辊前）紧密相关。为使混料铺放均匀，设计出混料输送铺放装置，主要由电机、传送带，料槽和滚动耙等组成。滚动耙由电机带动，将料槽内混料铺放均匀，滚动耙的安装高度可以调节，从而控制混料在料槽里的厚度。根据要求，料槽宽度 q =277 mm。

2. 切断机构

由于成型辊辊压后的带钵移栽秧盘成带状，需将其按尺寸要求切断。切断装置如图 3-16 所示。安装于成型辊相邻的成型单元间隙内。

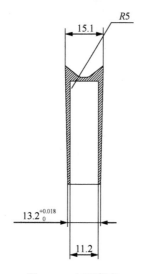

图 3-16　切断机构

3.4　生产性试验

3.4.1　试验准备

试验于 2012 年 10 月 9～20 日在黑龙江农垦总局胜利农场带钵移栽秧盘生产基地对连续式带钵移栽秧盘系统性能（搅拌和成型装置）进行生产性试验。试验设备主要有连续式带钵移栽秧盘冷压成型系统、电子秤、过滤筛和其他工具。

3.4.2　主要性能指标

1. 混合均匀度

针对带钵移栽秧盘冷压成型技术，为获得最佳成型效果，要求搅拌后的混料颗粒长度大于 2 mm（不含）的总量小于 5%（质量比），因此，混合均匀度可由公式得出，即

$$B = \frac{S_1}{S} \times 100\% \qquad (3\text{-}9)$$

式中，B——混合均匀度，%；

　　S_1——搅拌后样品中混料颗粒长度小于 2 mm（含）的混料质量，kg；

　　S——样品总质量，kg。

　　2. 钵孔合格率

　　钵孔是带钵移栽秧盘秧苗单一生长空间，是水稻钵育思想的体现。钵孔侧壁称为立边，立边形成状况直接影响着钵孔质量，钵孔质量由钵孔合格率来表征。合格钵孔定义为实际钵孔立边深度为理论设计钵孔立边深度 1/2 以上的钵孔，以此来统计合格钵孔数。在实际作业过程中，必须确保单一带钵移栽秧盘中钵孔合格率达到一定程度（≥90%）才能保证后续播种和移栽作业连续进行，故钵孔合格率为

$$K = \frac{K_1}{126} \tag{3-10}$$

式中，K——钵孔合格率，%；

　　K_1——实际钵孔立边深度为理论钵孔立边深度 1/2 以上的钵孔数；

　　126——单个带钵移栽秧盘的钵孔总穴数。

3.4.3　试验方法

　　1. 混合均匀度测定

　　按照一定比例将稻草和添加剂混合，倒入搅拌室内搅拌，搅拌充分后，随机取样 100 组，经电子秤测试取样总质量，样品过筛（2 mm），测试小于 2 mm（含）样品质量即可计算出混合均匀度。

　　2. 钵孔合格率测定

　　随机选取成型后的水稻带钵移栽秧盘 50 个，测量每个带钵移栽秧盘内立边高度大于 10 mm 的钵孔数，与总钵孔数相比较即得钵孔合格率。

3.4.4　试验结果与分析

　　试验结果如表 3-2 所示。由表 3-2 可知，搅拌均匀度达 97.28%，完全能够满足成型需要，主要是因为搅拌机构采用内外螺旋带作为搅拌机构，在传动轴带动下，能够实现图 3-6 所述的运动状态，从而使混料搅拌均匀。钵孔合格率达到99.34%，这主要是因为成型模具采用圆周运动，扇形成形体中成型体侧壁与水稻带钵移栽秧盘立边牵拉作用显著减小，使立边损伤率减小，从而能够有效提高钵孔合格率。

表 3-2　试验结果

项目	数值
混合均匀度/%	97.28
钵孔合格率/%	99.34

3.5　小　　结

（1）对连续式冷压成型系统进行总体和主要工作部件进行设计，开发出一款带钵移栽秧盘连续式冷压成型系统。

（2）对搅拌装置和成型装置进行性能试验，结果表明，搅拌合格率达到 97.28% 和钵孔率达到 99.34%，完全能够满足成型和后续作业要求。

（3）与带钵移栽秧盘热压成型技术比较，虽然连续式冷压成型系统成本提高，但生产率显著提高且人工投入减少。

第4章 带钵移栽秧盘冷压连续生产工艺及参数优化

在开发带钵移栽秧盘冷压连续实现系统的基础上，下一步需探讨如何利用该系统使带钵移栽秧盘由单一混合物转为带钵移栽秧盘。

基于上述问题，本章探讨一种带钵移栽秧盘成型工艺，该成型工艺可使带钵移栽秧盘连续成型，能够有效地提高水稻带钵移栽秧盘生产效率和降低生产成本。

本章重点探索成型工艺对带钵移栽秧盘成型性能影响，并优化工艺参数。研究结果可为后续作业提供参考。

4.1 材料与设备

4.1.1 原材料

将去除枝叶的水稻秸秆切成 10～12 cm 小段后粉碎，将粉碎后的稻草粉和添加剂按照一定比例混合搅拌，要求搅拌后的混料颗粒长度大于 2 mm（不含）的总量小于 5%（质量比），搅拌均匀后的混料经输送带直接输送到容料辊型腔（图 3-4 中 6）。

4.1.2 设备

本试验采用试验设备为带钵移栽秧盘冷压连续生产系统，由浙江省台州市翔阳机械厂制造，其结构如图 3-4 所示，主要技术参数如表 4-1 所示。

表 4-1 主要技术参数

项目	数值
长度/mm	9 540
宽度/mm	567
高度/mm	1 832
电机功率/kW	5.5
成型效率/（盘/h）	300

4.2 研 究 方 法

4.2.1 成型工艺流程

带钵移栽秧盘冷压连续生产工艺如图 4-1 所示。

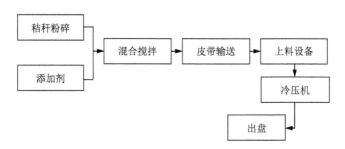

图 4-1 带钵移栽秧盘冷压成型工艺流程

输送到容料辊型腔内的混料在成型辊、容料辊和成型块共同作用下，带钵移栽秧盘呈带状连续成型；在退盘条和退盘机构作用下，带状带钵移栽秧盘与成型辊脱离；在切条作用下，将带状带钵移栽秧盘切割成一定规格的带钵移栽秧盘，在输送带作用下将其输送到储备室备用。

4.2.2 影响因素和考核指标

1. 影响因素

大量试验表明，成型辊转速、稻草含量、混料厚度和退盘条位置均影响带钵移栽秧盘成型性能。成型辊转速是指成型辊旋转线速度（单位：m/min）；含草量是指混料中稻草与添加剂的比例（单位：%）；混料厚度是指混料在料槽输送带中铺放均匀后的厚度（单位：cm）；退盘条位置是指退盘条距离成型钵最低点位移（单位：mm）。

2. 考核指标

（1）钵孔率：带钵移栽秧盘成型过程中，钵孔成型受各种因素影响，单个钵孔深度不能完全达到理论设计尺寸（20 mm），因此，合格钵孔定义为实际钵孔深度为理论设计钵孔深度 1/2 以上的钵孔，以此来统计合格钵孔数，故钵孔率为

$$K = \frac{K_1}{126} \times 100\% \tag{4-1}$$

式中，K——钵孔率，%；

　　　K_1——实际钵孔深度为理论钵孔深度 1/2 以上的钵孔数，个；

　　　126——单个带钵移栽秧盘钵孔总穴数，个。

（2）抗膨胀系数：表征带钵移栽秧盘自身抵抗宽度尺寸变化能力。在带钵移栽秧盘成型后直接用直尺测量宽度，计算出宽度变化量。抗膨胀系数为

$$\begin{cases} P = 1 - \dfrac{\Delta P}{277} \times 100\% \\ \Delta P = P_1 - 277 \end{cases} \qquad (4\text{-}2)$$

式中，P——抗膨胀系数，%；

　　　ΔP——带钵移栽秧盘宽度变化量，mm；

　　　P_1——压制后带钵移栽秧盘宽度，mm；

　　　277——带钵移栽秧盘设计尺寸，mm。

4.3　结果与分析

4.3.1　成型辊旋转线速度对带钵移栽秧盘成型性能的影响

结合前期试验，在稻草含量 70%、混料厚度 4 cm 和退盘条位置 3.5 mm 条件下探讨成型辊旋转线速度对带钵移栽秧盘成型性能影响，试验结果如图 4-2 所示。

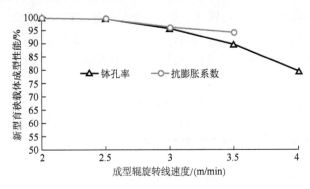

图 4-2　成型辊旋转线速度对带钵移栽秧盘性能的影响

成型辊旋转线速度对钵孔率影响如图 4-2 所示，钵孔率随成型辊旋转线速度增大而降低。当成型辊旋转线速度较小时，在相同时间内容料辊型腔中混料增多，有利于带钵移栽秧盘立边成型；随成型辊旋转线速度升高，一部分带钵移栽秧盘立边成型时间短，不能完全成型，在成型钵体的牵拉下，带钵移栽秧盘此部分钵孔立边受到损坏，钵孔率降低。因此，为保证带钵移栽秧盘完全成型，应对成型辊旋转线速度进行约束。

成型辊旋转线速度对抗膨胀系数影响如图 4-2 所示，抗膨胀系数随成型辊旋转线速度增大而减小。随成型辊旋转线速度增大，带钵移栽秧盘成型不完全，密度减小，内部稻草相互牵引作用减弱，使带钵移栽秧盘成型后，宽度尺寸膨胀能力增强，从而使抗膨胀系数减小。

4.3.2　稻草含量对带钵移栽秧盘成型性能的影响

结合前期研究结果，在成型辊旋转线速度 3.0 m/min、混料厚度 4 mm 和退盘条位置 3.5 mm 条件下探讨稻草含量对带钵移栽秧盘成型性能影响，试验结果如图 4-3 所示。

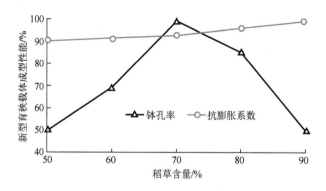

图 4-3　稻草含量对带钵移栽秧盘成型性能影响

稻草含量对钵孔率影响如图 4-3 所示，钵孔率随稻草含量增加先升高后降低。在稻草含量 70%时，钵孔率达最大值，随之减小。经试验验证，一定稻草量有利于带钵移栽秧盘立边形成，但稻草量过多，使添加剂与稻草黏结作用减弱，使钵孔率降低。

稻草含量对抗膨胀系数影响如图 4-3 所示，抗膨胀系数随稻草含量升高而升高。在带钵移栽秧盘内部稻草间的相互牵拉作用对抵御宽度膨胀具有促进作用，因此，随着稻草含量增加，抗膨胀系数升高。

4.3.3　混料厚度对带钵移栽秧盘成型性能的影响

结合前期试验结果，在成型辊旋转线速度 3.0 m/min、稻草含量 70%和退盘条位置 3.5 mm 条件下探讨混料对带钵移栽秧盘成型性能的影响，试验结果如图 4-4 所示。

混料厚度对钵孔率影响如图 4-4 所示，钵孔率随混料带钵移栽秧盘厚度增加而升高。混料厚度增加，单位时间内容料辊型腔中混料增多，一方面能使带钵移栽秧盘立边完全成型，另一方面使带钵移栽秧盘密度增大，抵御成型钵体牵拉作用增强，不易对带钵移栽秧盘立边造成损坏，从而使钵孔率升高。

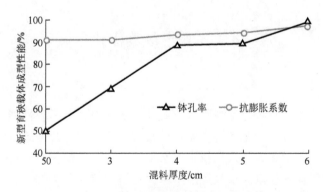

图 4-4　混料厚度对带钵移栽秧盘成型性能的影响

　　混料厚度对抗膨胀系数影响如图 4-4 所示，抗膨胀系数随混料厚度增加而升高。混料厚度增加，一方面使带钵移栽秧盘内的稻草量增加，另一方面使带钵移栽秧盘密度增大，试验表明，稻草量增加和密度增大使带钵移栽秧盘内部抵御宽度膨胀能力极大地增强，从而使抗膨胀系数升高。

4.3.4　退盘条位置对带钵移栽秧盘性能的影响

　　结合前期试验结果，在成型辊旋转线速度 3.0 m/min、稻草含量 70% 和混料厚度 4.0 mm 条件下探讨退盘条位置对带钵移栽秧盘成型性能的影响，试验结果如图 4-5 所示。

　　退盘条位置对钵孔率的影响如图 4-5 所示，钵孔率随退盘条位置升高而降低。退盘条位置升高使成型单位中成型钵体有效高度降低，使成型后的带钵移栽秧盘立边深度与理论深度距离增大，从而使钵孔率降低。

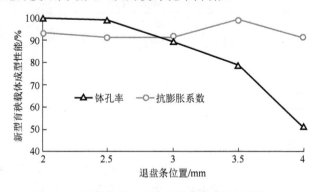

图 4-5　退盘条位置对带钵移栽秧盘成型性能的影响

　　退盘条位置对抗膨胀系数的影响如图 4-5 所示，抗膨胀系数随退盘条位置升高而升高。退盘条位置升高使带钵移栽秧盘有效深度降低，使带钵移栽秧盘密度增大，抵御宽度膨胀能力增强，从而使抗膨胀系数升高。

4.4 工艺参数优化

4.4.1 优化方法

钵孔率和抗膨胀系数是衡量带钵移栽秧盘满足育秧和插秧性能要求的重要指标。钵孔率最优组合不一定是抗膨胀系数最优组合，需综合考虑，因此带钵移栽秧盘成型工艺参数优化方法采用权重综合值法，在试验前需要确定钵孔率和抗膨胀系数在后续作业中权重，权重按照专家评定法确定（表 4-2）。在工艺综合值分析中，钵孔率权重占 70%，抗膨胀系数权重占 30%，其中，综合值=（钵孔率/钵孔率组中最大值）×70%＋（抗膨胀系数/抗膨胀系数组中最大值）×30%。

表 4-2 指标权重专家评定结果

指标	专家 E 评定值	专家 F 评定值	专家 G 评定值	平均值
钵孔率	71	69	70	70
抗膨胀系数	29	31	30	30

4.4.2 试验设计

试验采用 $L_9(3^4)$ 正交表，重复 3 次，因素及水平如表 4-3 所示，试验结果如表 4-4 所示。

表 4-3 正交试验因素及水平

水平	试验因素			
	A	B	C	D
	成型辊旋转线速度/（m/min）	稻草含量/%	混料厚度/cm	退盘条位置/mm
1	3.5	70	6.0	4.0
2	3.0	65	5.0	3.5
3	2.5	60	4.0	3.0

4.4.3 工艺参数优化

正交试验结果如表 4-4 所示，试验结果方差和极差分析如表 4-5 和表 4-6 所示。

以钵孔率为指标，通过方差分析（表 4-5）可知，在水平 $\alpha=0.05$，各因素对钵孔率影响均极显著，对钵孔率影响程度从大到小依次是成型辊旋转线速度、退盘条位移、稻草量和混料厚度。对正交试验结果进行极差分析（表 4-6）可确定优化组合方案为 A2B1C1D2。以抗膨胀系数为指标，通过方差分析（表 4-5）可知，在水平 $\alpha=0.05$，混料厚度对抗膨胀系数影响极显著，成型辊旋转线速度和退盘条位移对抗膨胀系数影响显著，稻草含量对抗膨胀系数影响不显著。对正交试验结果进行极差分析（表 4-6）确定优化组合方案为 A2B1C2D1。

表 4-4　正交试验结果

编号	A	B	C	D	钵孔率/%	抗膨胀系数/%	综合值
1	3.5	70	6	4.0	85.26	94.03	0.89
2	3.5	65	5	3.5	69.27	93.09	0.77
3	3.5	60	4	3.0	49.34	96.06	0.64
4	3.0	70	4	3.0	89.29	99.05	0.93
5	3.0	65	5	3.5	79.36	99.01	0.86
6	3.0	60	6	4.0	99.41	92.05	0.98
7	2.5	70	4	3.5	99.40	99.00	0.99
8	2.5	65	6	3.0	79.10	91.06	0.83
9	2.5	60	5	4.0	59.36	95.08	0.71

表 4-5　方差分析

来源	钵孔率					抗膨胀系数				
	平方和	自由度	方差	F 值	显著性	平方和	自由度	方差	F 值	显著性
A	2 062.572	2	1 031.286	4 356.319	**	25.522	2	12.761	*	0.023
B	1 284.109	2	642.055	2 712.143	**	15.368	2	7.684		0.085
C	1 159.401	2	579.701	2 448.750	**	145.051	2	72.526	**	0
D	1 557.610	2	778.805	3 289.798	**	30.512	2	15.256	*	0.013
误差	4.261	18	0.237			48.845	18	2.714		
总计	174 951.89					245 914.228				

* 代表差异显著。

** 代表差异极显著。

表 4-6　极差分析

项目		钵孔率				抗膨胀系数			
		A	B	C	D	A	B	C	D
总和	$K1$	203.87	273.95	263.77	223.98	283.18	292.08	277.14	288.12
	$K2$	268.06	227.73	207.99	268.08	290.11	283.16	287.18	284.14
	$K3$	237.86	208.11	217.73	217.73	285.14	283.19	286.17	286.17
均值	k_1	67.96	91.32	87.92	74.66	94.39	97.36	92.38	96.04
	k_2	89.35	75.91	69.33	89.36	96.70	94.39	95.73	94.71
	k_3	79.29	69.37	72.58	72.58	95.05	94.40	95.39	95.39
极大值		89.35	91.32	87.92	89.36	96.70	97.36	95.73	96.04
极小值		67.96	69.37	69.33	72.58	94.39	94.39	92.38	94.71
R		21.39	21.95	18.59	16.78	2.31	2.97	3.35	1.33

结合综合值最终确定优化方案组合为 A3B2C2D1，试验结果得到性能指标：钵孔率为 99.4%，抗膨胀系数为 99.0%，能够满足后续作业需要。

4.5　试　验　验　证

为验证所选优化方案组合的正确性，按选取的最佳工艺参数组合进行验证试验，试验结果为：钵孔率（99.4±0.14）%，抗膨胀系数（99.0±0.01）%，能够满足后续要求。成品如图 4-6 所示。

图 4-6　成品

4.6　小　　　结

利用权重分析法重点探讨带钵移栽秧盘成型工艺影响因素和最佳工艺，得到以下结论：

（1）分析得出带钵移栽秧盘性能影响因素，确定了影响因素的取值范围，通过优化分析得出最佳工艺参数为：成型辊旋转线速度 2.5 m/min，稻草含量 65%，混料厚度 5 cm 和退盘条位置 4 mm。

（2）对优化结果进行田间验证，试验结果为：钵孔率（99.4±0.14）%，抗膨胀系数（99.0±0.01）%，能够满足后续要求。

第5章　带钵移栽秧盘秧苗对干旱的适应性

据有关资料统计表明，全国水稻生产耗水量占全国总用水量的54%，占农业总用水量的65%以上。由第1章分析可知，我国寒区降水呈逐年减少趋势，水资源短缺必将成为寒区水稻生产的一大障碍，因此，提高水稻水分利用效率和采用节水灌溉技术对保证寒区粮食增产稳产和农业的可持续发展具有重要的意义。

带钵移栽秧盘开发的目的之一是为了提高水稻生产水分利用效率，达到节约水资源的目标，但带钵移栽秧盘如何节约水资源和提高水稻生产水分利用效率，成为亟待解决的问题。

本章以上述问题为切入点，首先分析典型试验区域多年气候资料，确定典型试验区域气候变化趋势，以此确定试验条件；接着通过对带钵移栽秧盘钵苗在不同生育阶段施加不同程度的水分胁迫，探究带钵移栽秧盘钵苗耗水规律，探讨带钵移栽秧盘钵苗对干旱的适应性，确定带钵移栽秧盘模式下水稻水分生产函数和利用效率。

研究结果对丰富我国农业生产节水技术内涵具有重要意义。

5.1　试验区域气候变化趋势

5.1.1　试验区域简介及典型性分析

由于我国寒区地域广阔，为探究带钵移栽秧盘对寒区环境的适应性，应选择一区域作为典型试验区。

黑龙江垦区位于黑龙江省东部，辖区总面积5.62万 km^2。黑龙江垦区西部以旱田为主，主要生产玉米、大豆和小麦等粮食作物；东部以水田为主，主要生产水稻等粮食作物。

截至2012年，黑龙江垦区粮食种植面积279.8万 hm^2，水稻种植面积154.8万 hm^2，粮食总产量216.3亿 kg，粮食产量占全省和全国的比重分别为37.5%和3.7%。为国家提供商品粮203.5亿 kg，粮食商品率达94.1%。

典型试验区域初定黑龙江省农垦总局东部下属农场。黑龙江垦区东部主要包括建三江分局、宝泉岭分局、红兴隆分局和牡丹江分局 4 个辖区，黑龙江垦区的水稻均产于该区域；该区域水稻生产过程机械化程度达到96%；单产水平达到7 731 kg/ hm^2。

黑龙江省农垦总局东部地区所处地域属于中、寒温带大陆性季风气候区，冬季寒冷干燥而漫长，夏季湿润而短暂，年均气温在-0.9～4℃，无霜期年均 100～140 d，全年日照时数 2 400～2 900 h，属于典型寒带区域。

张斌（2013 年）研究结果表明，干旱、风雹以及病虫害、霜冻等农业灾害在农业生产过程时常发生，特别是近些年在全球气候变暖的大环境下，极端天气不断出现，直接影响垦区粮食的丰欠，此与本研究的出发点相吻合。

综上，选择黑龙江垦区东部区域作为试验区域具有代表性。

5.1.2　气象资料获取及分析结果

1. 气象资料获取

以黑龙江省农垦总局建三江分局、宝泉岭分局、红兴隆分局和牡丹江分局 4 个辖区 14 个气象站 1970～2012 年的气象数据（以气温、降水和风力为主）为研究资料分析气候变化趋势，分析典型试验区域气候变化趋势。

2. 试验区域气候变化趋势

对典型试验区多年的气象资料分析表明，典型试验区域多年来整体上气温处于上升趋势，季节气温倾向率不同，冬季年均气温增加趋势最明显，春季、夏季和秋季分别次之；典型试验区域多年来整体上降水量呈现下降趋势，秋季降水量下降最明显；典型试验区域大风日呈现显著的季节（月份）变化，每年 4 月份出现大风日的频次最高，5 月份次之。

孙凤华等（2006 年）对东北 6 个具有代表性的气象站 1905～2001 年的气象资料进行分析表明，东北地区冬季增温最为显著，降水显著减少；苏晓丹等（2011 年，2012 年）对黑龙江省近 56 年及三江平原 37 年的气候资料分析表明，黑龙江省及三江平原气温呈上升趋势，冬季增温最为明显，降水呈弱的减少趋势；杨雪艳等（2010 年）对东北地区 1971～2006 年 35 年气象站大风资料分析表明，东北地区整体上具有大风减缓趋势，但 4～5 月份具有增加趋势。

上述结果与本节研究结论相同，一方面说明典型试验区域选择的正确性，另一方面说明典型区域气候变化趋势与寒区气候整体变化趋势相似，具有代表性。

5.2　试验材料与方法

5.2.1　试验准备

1. 试验区土壤概况

试验于 2013～2014 年在上述典型试验区内进行，试验区土壤 0～30 cm 土层

（土壤质地为黑色黏土）营养成分及土壤物理特性分别如表 5-1 和表 5-2 所示。

表 5-1　试验区 0～30 cm 土层营养成分

成分	有机质/（g/kg）	速效氮/（g/kg）	速效磷/（g/kg）	速效钾/（g/kg）	pH
数值	27.02	95.4	19.3	132.1	6.43

表 5-2　试验区 0～30 cm 土层物理特性

土层/cm	0～10	10～20	20～30
饱和含水量/%	57.8	52.3	48.5
容重/（g/cm）	1.21	1.30	1.37

2. 水稻品种

试验水稻品种为垦鉴稻 6，由黑龙江八一农垦大学水稻中心培育和提供。目前该品种已在黑龙江省得到大面积推广应用。试验时，试验水稻品种须经盐水选种、浸种消毒和催芽等处理。

3. 农业措施

在试验过程中，水稻育秧均采用双层薄膜覆盖，分别采用带钵移栽秧盘（CK）和平育秧盘（CK1）（图 2-1）作为育秧载体、移栽、种植密度（行距 30 cm，株距 15 cm）、施肥量（氮肥 280 kg/hm，N：P_2O_5：K_2O=2：1：2，按照底肥、分蘖肥和穗肥 1：7：2 比例喷施）。

5.2.2　试验方法

1. 试验方式

本试验采用盆栽方式，试验用盆（材料为聚乙烯）内径为 0.45 m，高度为 0.6 m，盆栽用土按照试验田 0～30 cm 土壤体积质量方式进行填土。将盆栽试验置于试验田旁，试验用盆上端面与试验田上表面持平。试验用盆上端设置简易遮雨棚，避免雨水进入，如图 5-1 所示。

图 5-1　盆栽试验布置

2. 试验设计

为探究带钵移栽秧盘钵苗对水分胁迫的适应性，需要对盆栽试验施加不同的水分处理，水分处理按照土壤饱和含水量的百分比设置，故盆栽试验设计如表 5-3 及表 5-4 所示。

表 5-3　带钵移栽秧盘钵苗对水分胁迫适应性试验设计

	生育期	分蘖期/%	拔节分蘖期/%	抽穗开花期/%	灌浆乳熟期/%	黄熟期/%
	轻旱	75	75	75	75	自然落干
下限	中旱	60	60	60	60	自然落干
	重旱	45	45	45	45	自然落干
对照		≥90	≥90	≥90	≥90	自然落干
灌水上限（水层深度）		30 mm	30 mm	30 mm	30 mm	自然落干

本试验采用单一生育期分别受轻度干旱胁迫、重度水分和相邻生育期连续中度干旱胁迫的处理方式（表 5-4），试验重复 3 次，试验盆在简易遮雨棚内随机摆放。

表 5-4　水稻带钵移栽秧盘钵苗对水分胁迫试验处理

处理号	生育期水分状况
1	分蘖期轻旱
2	分蘖期重旱
3	分蘖拔节期中旱
4	拔节期轻旱
5	拔节期重旱
6	拔节抽穗期中旱
7	抽穗期轻旱
8	抽穗期重旱
9	抽穗灌浆期中旱
10	灌浆期轻旱
11	灌浆期重旱
12	对照，全生育期充分灌溉

5.2.3　试验仪器

电子天平 1 台（感量 5 g），土壤水分快速测试仪 1 台，其他材料若干。

5.2.4　考核指标及观测方法

1. 水稻生育期需水量

根据生育期耗水量特点定期（一般分蘖前期每 3 日观测 1 次，分蘖期及分蘖后期每 1 日观测 1 次；一般早晚进行）观测盆栽内水层变化。非水分处理生育期盆栽内的水层保持在 3 cm（由盆栽内直尺确定）。水分处理期的盆栽内土壤水分由土壤水分快速测试仪确定。

2. 水稻秧苗素质及产量构成

（1）株高：在不同生育阶段株高测试部位不同。在抽穗前将秧苗捋直叶尖最高点与地面（土层）的距离即为株高；抽穗后将秧苗捋直穗棒最高点与地面（土层）的距离即为株高；收获时取长势均匀一致的水稻植株 10 棵考苗，测定最终株高；本节分析的株高为最终株高，单位为 cm。

（2）分蘖：定点观察试验盆内水稻秧苗株数变化，观察分蘖增减情况，计算最高分蘖数和有效分蘖数，在分蘖高峰期增加观察和测试频率，一般 2～3 d 1 次；本节重点分析有效分蘖数，单位为个/株。

（3）有效穗长：收获时取长势均匀一致的水稻植株 10 棵考苗，测试有效穗长，取平均值，单位为 cm。

（4）千粒重：将收获后的水稻穗脱粒，去除杂质和不合格穗粒，选取 1 000 水稻籽粒称重即为千粒重，单位为 g。

（5）产量：将一定株数的水稻穗脱粒，测其重量，根据种植密度折合为产量国标单位，即 kg/hm^2。

5.2.5　水稻生育期划分

结合试验区域土壤状况和天气特点，2013～2014 年试验区域水稻全生育期划分如表 5-5 所示。

表 5-5　不同栽培模式试验期间全生育期划分

栽培模式	年份	生育期					
		分蘖前期	分蘖后期	拔节孕穗期	抽穗开花期	灌浆乳熟期	黄熟期
CK1	2013	5.29～6.20	6.21～7.09	7.10～8.02	8.03～8.13	8.14～9.10	9.11～9.27
	2014	5.24～6.21	6.22～7.07	7.08～8.06	8.07～8.19	8.20～9.14	9.15～9.30
CK	2013	5.23～6.13	6.14～7.03	7.04～7.27	7.28～8.07	8.08～9.05	9.06～9～24
	2014	5.25～6.14	6.15～6.27	6.28～7.21	7.21～8.04	8.05～9.01	9.01～9.22

5.3　充分灌溉下的需水规律

水稻属于喜水性植物，在其生育期内需消耗大量水分。水稻生育期消耗的水分主要体现在棵间蒸发和植株蒸腾，棵间蒸发主要是指水稻生育期内水面（或土壤）的水分蒸发；植株蒸腾主要是指满足生长需要水稻根部从土壤中吸收的水分；两者受气候条件、水稻品种、生育阶段、栽培模式以及灌溉条件等因素影响。

在充分灌溉条件下，CK1 和 CK 两种栽培模式水稻生育期需水特性及规律如表 5-6 所示。

表 5-6　试验区水稻生育期需水特性及规律

	生育期	2013 年				2014 年			
		天数/d	需水量/mm	模比系数/%	需水强度/（mm/d）	天数/d	需水量/mm	模比系数/%	需水强度/（mm/d）
CK1	分蘖前期	23	191.2	19.1	8.30	28	224.60	22.3	8.02
	分蘖后期	18	85.3	8.5	4.74	15	77.25	7.7	5.15
	拔节孕穗期	18	278.3	27.8	10.01	30	256.10	25.5	8.54
	抽穗开花期	14	111.1	11.1	10.10	13	133.38	13.3	10.26
	灌浆乳熟期	18	246.2	24.6	8.79	26	224.12	22.3	8.62
	黄熟期	23	87.6	8.9	5.15	16	89.92	8.9	5.62
	合计（均值）	114	999.7	100.0	(7.85)	128	1005.40	100.0	(7.70)
CK	分蘖前期	21	178.4	18.2	8.50	21	191.2	19.6	9.10
	分蘖后期	20	67.8	6.9	3.39	13	72.8	7.5	5.60
	拔节孕穗期	25	296.9	30.2	11.88	24	280.4	28.8	11.68
	抽穗开花期	11	105.3	10.7	9.57	15	121.3	12.5	8.09
	灌浆乳熟期	29	258.3	26.3	8.91	28	240.1	24.7	8.58
	黄熟期	18	75.2	7.4	4.18	22	68.2	6.9	3.10
	合计（均值）	124	981.9	99.7	(7.74)	123	974.0	100.0	(7.69)

CK1 和 CK 两种栽培模式在水稻生育期内需水特性及规律整体上相同。在分蘖前期，需水量处于上升阶段，此阶段由于水稻植株矮小，叶面积小，此时水稻需水主要用于水稻棵间蒸发；典型试验区域 5～6 月，风力较大且持续时间较长，因此需水量较大。随着水稻生长发育和水稻秧苗素质提升，再加上随着气温升高，水稻植株蒸腾量加大，因此，拔节孕穗期以及灌浆乳熟期水稻需水量持续增大。伴

随抽穗期结束，水稻下部叶片逐渐枯萎，光合作用功能叶片面积减小，此时水稻植株密集，蒸发能力减弱，水稻植株对水分需求量逐渐减弱，此时总体需水量下降。

　　较 CK1 水稻栽培模式，CK 水稻栽培模式整体上需水量减小，但在个别生育期，CK 需水量高于 CK1。在分蘖前期，CK 需水量小于 CK1，此时水稻需水量主要体现在棵间蒸发，由于 CK 秧苗无需缓苗期，生长状态早于 CK1，CK 秧苗素质高于 CK1（图 5-2 和表 5-7），能够有效减少棵间蒸发，从而促使此阶段 CK 需水量小于 CK1。在拔节孕穗期和灌浆乳熟期，需水量 CK 大于 CK1，此时水稻需水量主要体现在植株蒸腾，由于 CK 栽培模式能够有效增强水稻分蘖能力，无效分蘖减弱，相对 CK1，株数增多，故需水量增大。

图 5-2　移栽前水稻秧苗对比

注：左侧为 CK 秧苗，右侧为 CK1 秧苗

表 5-7　缓苗前水稻秧苗素质对比（2013 年 6 月 1 日）

栽培模式	叶龄/叶	分蘖/个	根数/个	根长/cm	株高/cm
CK	3.96	0.8	13.6	4.04	17.2
CK1	3.70	0	12.4	4.52	16.9

　　由图 5-3 可知，在 2013～2014 年试验期间以及在充分灌溉条件下，腾发强度 CK1 及 CK 变化趋势相同。在水稻前期，CK 栽培模式腾发强度低于 CK1，此与上述结论相对应；在拔节孕穗期和灌浆乳熟期，CK 栽培模式腾发强度高于 CK1，腾发强度达到高峰，随后，腾发强度减弱；此表明，拔节孕穗期和灌浆乳熟期是需水敏感期；此与 CK1 及 CK 不同生育期秧苗素质差异、试验区域气温变化及干旱少雨等外界条件紧密相关。

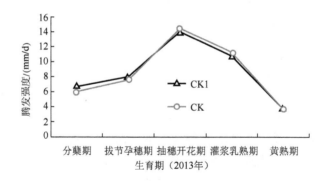

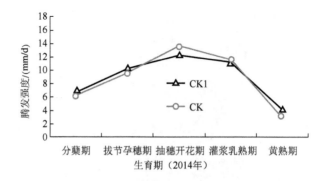

图 5-3　2013～2014 年水稻充分灌溉下生育期腾发强度变化

总之，在充分灌溉条件下，带钵移栽秧盘栽培模式能够有效降低水分消耗，在一定程度上能够适应我国寒区水稻生育期逐渐干旱和水稻生产用水短缺等现实状况。

5.4　不同水分处理对水稻需水量的影响

在充分灌溉条件下，水分状况是水稻生产过程中最活跃的因素。当水分状况发生改变时，即在非充分灌溉条件下，土壤水势降低，土壤植物大气连续体（Soil Plant Atmosphere Continuum，SPAC）中的水力梯度发生改变，从而使水稻植株蒸腾量和棵间蒸发量发生改变。尤其是在通常情况下，当稻田无水层时，由于土壤水分状况发生变化，影响水稻叶片的水分状况和气孔调节，从而影响水稻植株腾发量；另外稻田无水层，使水稻棵间蒸发量明显降低。

通过对水稻不同生育阶段实施干旱处理，在新的水分条件下，干旱处理对水稻整个生育期需水量影响很大，具体如表 5-8 所示。

表 5-8　2013～2014 年不同水分处理全生育期需水量

处理编号	处理方式	CK1/mm		CK/mm	
		2013 年	2014 年	2013 年	2014 年
1	分蘖期轻旱	950.3	904.3	941.3	958
2	分蘖期重旱	789.2	770	788	867.2
3	分蘖—拔节期中旱	773.2	745.2	762.3	857
4	拔节期轻旱	984.6	982.3	960.4	971
5	拔节期重旱	879.2	852.3	849	918
6	拔节-抽穗期中旱	854.2	840	843	909.2
7	抽穗期轻旱	962.2	923.1	951.2	963.2
8	抽穗期重旱	926.7	883	856	932.1
9	抽穗-灌浆期中旱	890.3	871.3	864.7	920
10	灌浆期轻旱	932.1	887.5	912.2	940.1
11	灌浆期重旱	841.4	837	835.6	900.2
12	充分灌溉	999.7	1 005.4	981.9	974

由表 5-8 可知，CK1 和 CK 在 2013～2014 年不同水分处理过程中，分蘖-拔节期中旱处理对总需水量影响最大，分蘖期重旱处理和拔节孕穗期重旱处理次之。生育期阶段轻旱处理对全生育期需水量影响最小。

在水稻早期生育阶段施加轻旱处理，对水稻全生育期总需水量影响不大；若对水稻关键生育阶段（诸如拔节抽穗期、抽穗灌浆期和灌浆期等）施加重旱处理或者连续受旱，水分不能满足水稻植株最基本的生理需水，使水稻植株生长发育受到抑制，使后期的腾发量减弱，从而使总需水量大幅度下降。

对 2013～2014 年试验区域不同水分处理全生育期主要阶段腾发量（表 5-9 和表 5-10）及受旱处理腾发强度变化（图 5-4 和图 5-5）分析可知，在干旱处理时，CK 全生育期主要阶段腾发量与充分灌溉条件下的差距较 CK1 明显缩小，也说明 CK 较 CK1 适应旱区环境，主要是，一方面在水稻生产初期 CK 的钵体对灌溉水具有一定蓄水作用，能够减缓灌溉水下渗速度；在水稻生长中后期 CK 钵体分解，原有钵体位置创建一个"暗渠"，在一定程度上减缓旱情对水稻植株生长的抑制，故需水量较接近充分灌溉条件下需水量。另一方面，CK 钵体不断缓释出营养成分，较 CK1 能够较快弥补干旱对水稻植株生长的影响（图 5-6 和图 5-7）。

表 5-9　2013 年试验区域不同水分处理全生育期主要阶段腾发量

栽培模式	处理编号	处理方式	分蘖期/mm	拔节孕穗期/mm	抽穗开花期/mm	灌浆乳熟期/mm
CK1	1	分蘖期轻旱	242	90.3	243.7	180.6
	2	分蘖期重旱	133	73.0	203.6	159.0
	3	分蘖拔节期中旱	150	79.7	198.5	200.5
	4	拔节期轻旱	265	100.3	263.4	226.0
	5	拔节期重旱	254	65.3	224.0	198.4
	6	拔节-抽穗期中旱	263	86.0	161.0	219.5
	7	抽穗期轻旱	262	108.0	158.2	214.0
	8	抽穗期重旱	270	106.4	130.8	189.1
	9	抽穗灌浆期中旱	265	101.0	172.0	143.0
	10	灌浆期轻旱	261	108.3	290.0	210.0
	11	灌浆期重旱	270	106.7	287.0	167.9
	12	充分灌溉	277	111.1	296.9	237.7
CK	1	分蘖期轻旱	209.0	147.8	289.0	210.0
	2	分蘖期重旱	145.0	130.1	265.0	179.0
	3	分蘖拔节期中旱	195.6	110.7	202.6	173.0
	4	拔节期轻旱	239.0	130.2	300.0	207.0
	5	拔节期重旱	240.0	108.0	259.0	200.4
	6	拔节-抽穗期中旱	240.7	124.0	100.6	187.0
	7	抽穗期轻旱	241.5	156.0	140.0	191.0
	8	抽穗期重旱	243.0	151.2	113.5	200.6
	9	抽穗灌浆期中旱	238.0	147.5	174.0	130.0
	10	灌浆期轻旱	241.0	156.0	302.5	189.1
	11	灌浆期重旱	245.0	149.0	297.0	167.0
	12	充分灌溉	246.2	158.3	304.6	212.6

表 5-10　2014 年试验区域不同水分处理全生育期主要阶段腾发量

栽培模式	处理编号	处理方式	分蘖期/mm	拔节孕穗期/mm	抽穗开花期/mm	灌浆乳熟期/mm
CK1	1	分蘖期轻旱	231.2	124.0	239.8	223.7
	2	分蘖期重旱	176.7	113.7	198.8	160.1
	3	分蘖拔节期中旱	202.0	78.4	160.0	154.3
	4	拔节期轻旱	299.5	117.4	243.1	210.3
	5	拔节期重旱	300.9	59.8	203.2	196.7
	6	拔节-抽穗期中旱	283.7	97.7	101.7	122.8
	7	抽穗期轻旱	298.3	130.7	157.8	201.4
	8	抽穗期重旱	289.2	132.0	116.2	189.2
	9	抽穗灌浆期中旱	282.0	128.0	111.3	101.0
	10	灌浆期轻旱	283.7	130.9	240.1	167.2
	11	灌浆期重旱	288.2	128.3	242.3	142.8
	12	充分灌溉	301.9	133.4	246.1	224.12

续表

栽培模式	处理编号	处理方式	分蘖期/mm	拔节孕穗期/mm	抽穗开花期/mm	灌浆乳熟期/mm
CK	1	分蘖期轻旱	262.0	179.4	258.1	220.0
	2	分蘖期重旱	182.2	174.2	200.7	120.5
	3	分蘖拔节期中旱	201.0	123.4	212.7	189.3
	4	拔节期轻旱	260.0	171.2	252.3	219.2
	5	拔节期重旱	257.0	109.7	225.2	190.1
	6	拔节-抽穗期中旱	259.0	120.4	112.4	172.9
	7	抽穗期轻旱	257.4	179.0	201.2	212.4
	8	抽穗期重旱	262.5	177.4	160.2	198.7
	9	抽穗灌浆期中旱	250.0	175.0	120.0	158.5
	10	灌浆期轻旱	250.0	172.0	254.3	203.9
	11	灌浆期重旱	261.0	177.0	255.1	180.0
	12	充分灌溉	264.0	180.4	260.1	221.3

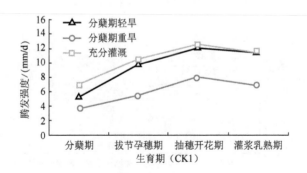

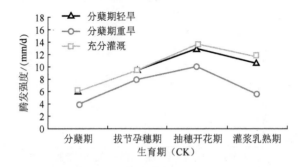

图 5-4　2014 年单一阶段受旱处理腾发强度变化

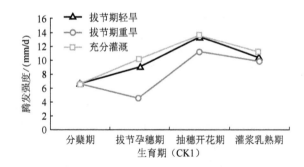

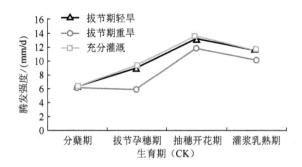

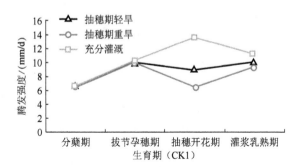

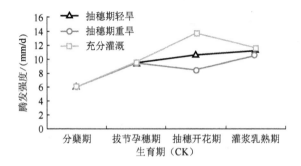

图5-4　2014年单一阶段受旱处理腾发强度变化（续）

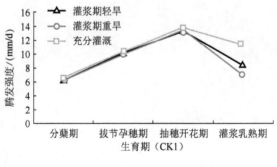

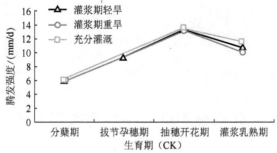

图 5-4　2014 年单一阶段受旱处理腾发强度变化（续）

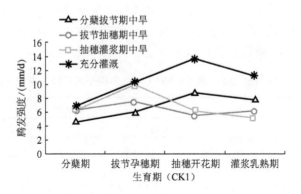

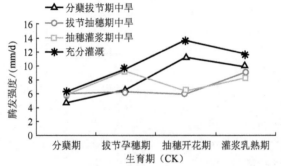

图 5-5　2014 年生育阶段连续受旱处理腾发强度变化

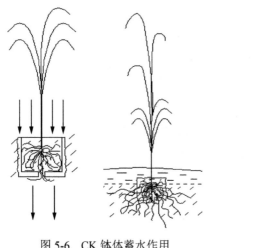

图 5-6　CK 钵体蓄水作用　　　　　　　图 5-7　CK1 灌溉水下渗

5.5　不同水分处理对水稻生长发育的影响

5.5.1　有效分蘖数

由于土壤水分状况发生变化，必然会导致水稻秧苗在不同生育期阶段及不同程度的干旱处理情况下有效分蘖发生改变，2013～2014 年试验区域水稻秧苗在不同干旱处理下有效分蘖数如表 5-11 所示。

表 5-11　2013～2014 年 CK1 和 CK 在不同干旱处理下有效分蘖数

处理编号	处理方式	分蘖数/个			
		2013 年		2014 年	
		CK1	CK	CK1	CK
1	分蘖期轻旱	15.7±1.5	19.3±0.6	17.0±0.5	18.7±1.0
2	分蘖期重旱	15.0±1.7	17.7±3.0	15.7±1.5	17.7±1.2
3	分蘖拔节期中旱	15.3±0.6	18.3±1.2	16.3±2.1	18.3±2.9
4	拔节期轻旱	16.0±1.0	19.6±1.5	17.0±1.7	19.0±1.0
5	拔节期重旱	15.7±3.5	19.7±1.5	17.3±1.5	19.3±2.3
6	拔节-抽穗期中旱	16.0±3.6	19.3±2.5	16.7±1.5	18.6±0.6
7	抽穗期轻旱	15.7±0.5	19.3±4.1	17.3±3.8	18.7±2.1
8	抽穗期重旱	15.7±2.1	18.6±2.0	17.0±2.5	19.3±2.0
9	抽穗灌浆期中旱	15.7±3.8	20.0±1.0	16.7±1.0	19.0±3.5
10	灌浆期轻旱	15.7±1.5	19.3±1.5	16.7±1.0	19.0±2.5
11	灌浆期重旱	16.0±1.0	19.3±1.5	17.0±2.3	19.3±2.0
12	充分灌溉	16.0±1.7	20.0±2.0	17.3±1.2	19.3±0.6

由表 5-11 和图 5-8 可知，总体上无论 CK1 和 CK，较充分灌溉，干旱处理条件下的有效分蘖数在不同生育阶段变化差异较大；在分蘖期进行干旱处理，其有效分蘖数减少明显，重旱处理下有效分蘖数减小最为明显，轻旱处理和连旱处理分别次之；在非分蘖期进行干旱处理，其有效分蘖数与充分灌溉条件下的分蘖数差异较小。这主要是由于在分蘖期进行干旱处理，影响水稻叶片的光合作用与干物质积累，影响水稻秧苗有效植株的形成，从而使水稻秧苗有效分蘖数减少。

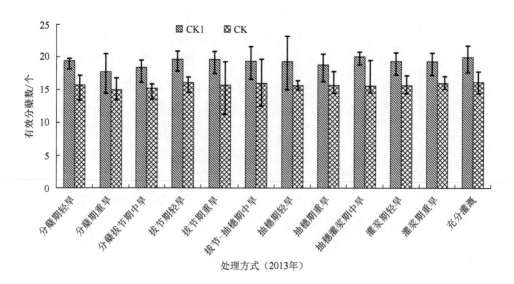

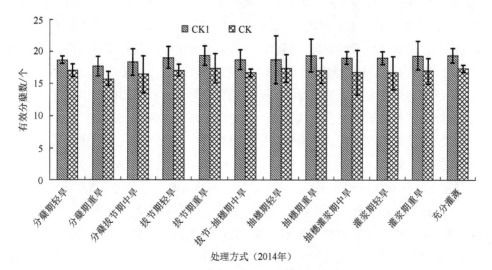

图 5-8　不同干旱处理对有效分蘖数的影响

在 2013～2014 年，在充分灌溉条件下，有效分蘖数 CK 均高于 CK1，有效分蘖数 2013 年 CK1 较 CK 降低 20%，2014 年达到 10.4%。

在干旱处理条件下，各生育阶段有效分蘖数 CK 均高于 CK1。较充分灌溉，CK 较 CK1 对分蘖期重旱处理的影响程度差异明显，CK 和 CK1 对分蘖期轻旱处理和分蘖拔节连旱处理的影响程度差异不明显。

产生上述结果的主要原因在于，本试验是进行单一生育阶段干旱处理，在非分蘖期干旱处理前的土壤水分状况与充分灌溉的一致，此阶段的有效分蘖数与充分灌溉的差异很小，此种差异与干旱处理无关；在相同阶段，CK 与 CK1 有效分蘖数的差异一方面是由于 CK 所含营养成分的缓慢释放（图 5-9），提高土壤肥力，促进水稻植株生长；另一方面是由于 CK 较 CK1 能够改善土壤结构，增强土壤通气性，促进根系的生长，从而有利于水稻秧苗有效植株的形成，增加有效分蘖数。

图 5-9　CK 钵体营养缓释

在分蘖期干旱处理过程中，轻旱处理中的土壤水分高于重旱处理中的土壤水分，CK 蓄水能力高于 CK1。因此，CK 对重旱处理的抗逆性强于轻旱处理。

5.5.2　株高

对水稻秧苗生育期不同阶段进行干旱处理，其对最终株高影响如图 5-10 所示。对比 2013～2014 年试验结果可知，受到干旱影响的水稻秧苗最终株高均不同程度地低于充分灌溉条件下的株高，其中，分蘖拔节期中旱处理对最终株高的影响最严重，分蘖期重旱、拔节期重旱、拔节-抽穗期中旱、拔节期轻旱和分蘖期轻旱分别次之；抽穗期（含）后的生育阶段干旱处理均对最终株高影响较少。这主要是由于在分蘖期和拔节期进行不同程度干旱处理，水稻田间的土壤水分严重地或者长时间地低于饱和含水量，水稻秧苗生长发育滞后，从而导致水稻秧苗最终株高间的差异。

在 2013～2014 年试验期间，株高 CK1 均低于 CK，尤其在拔节期前（含）受到干旱处理的 CK 与充分灌溉条件下的株高差异均小于同等条件下的 CK1 株高差异，这主要是由于 CK 体体一方面具有一定的蓄水作用，另一方面能够减少水分散失，上述两者能够有效调节土壤水分，从而使 CK 对干旱具有一定抗性，导致上述状况的发生。

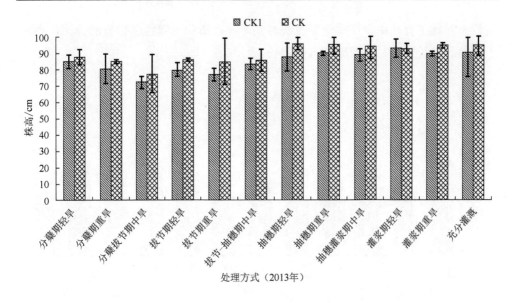

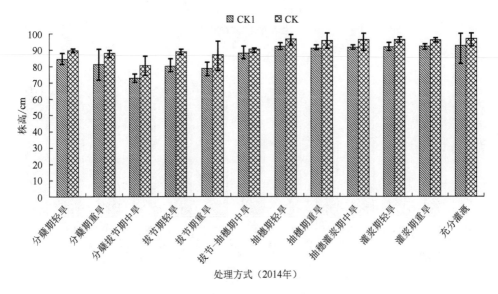

图 5-10　不同干旱处理对株高影响

5.5.3　平均穗长

2013～2014 年不同干旱处理方式对水稻穗长的影响如图 5-11 所示。试验结果表明，分蘖期重旱、拔节期重旱和抽穗期重旱等处理方式对水稻穗长影响最为显著，灌浆期重旱处理也对水稻穗长有一定的影响，但影响程度较小；分蘖拔节期中旱、拔节抽穗期中旱以及抽穗灌浆期中旱等处理均对水稻穗长影响明显；分蘖期轻旱、拔节期轻旱、抽穗期轻旱以及灌浆期轻旱等处理方式对水稻穗长影响程度较小。此主要是由于严重干旱及长时间干旱，影响土壤营养物质的分配，不利于稻穗的生长发育，从而影响水稻穗长。

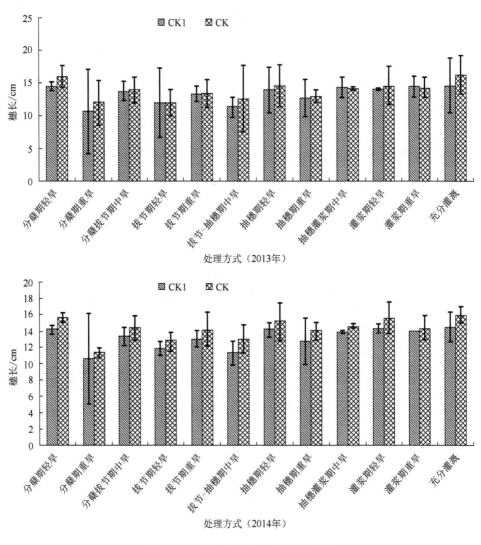

图 5-11　不同干旱处理对穗长的影响

在各个受旱生育阶段，水稻穗长 CK1 均小于 CK；与充分灌溉下的水稻穗长差异，CK1 高于 CK，这主要是由于，较 CK1，CK 能够在一定程度保持土壤水分以及缓慢释放营养成分，能够在一定程度上抗逆干旱处理对水稻穗长的影响。

5.5.4　千粒重

2013～2014 年不同干旱处理对千粒重的影响结果如表 5-12 所示。试验结果表明，分蘖期重旱处理、分蘖拔节期中旱、拔节期重旱以及拔节抽穗期中旱等处理方式对水稻千粒重影响显著，此主要是由于灌浆前受旱严重或受旱时间长，影响水稻的正常发育，以至于复水到灌浆阶段，发育状态难以达到充分灌溉水平，从而造成千粒重与充分灌溉条件下的千粒重差异较大；分蘖期轻旱、拔节期轻旱以及灌浆期轻旱等处理的千粒重稍大于充分灌溉条件下的千粒重，此表明，生育阶段轻旱处理复水后有利于千粒重的提高；抽穗期轻旱、抽穗重旱、抽穗灌浆期中旱以及灌浆期重旱对千粒重影响不显著。

表 5-12　不同干旱处理对千粒重的影响

| 处理编号 | 处理方式 | 千粒重/g | | | |
| | | CK1 | | CK | |
		2013 年	2014 年	2013 年	2014 年
1	分蘖期轻旱	25.7±3.5	25.9±1.1	25.7±0.9	25.7±0.7
2	分蘖期重旱	22.2±3.8	23.3±3.4	22.5±3.3	23.5±3.5
3	分蘖拔节期中旱	23.1±3.5	23.7±1.9	23.2±3.4	24.0±1.8
4	拔节期轻旱	25.7±3.7	25.9±0.4	25.8±3.0	25.7±0.6
5	拔节期重旱	24.4±6.6	24.4±1.0	24.8±1.2	24.3±0.8
6	拔节-抽穗期中旱	24.3±4.3	24.9±2.4	24.6±2.5	24.3±0.6
7	抽穗期轻旱	25.3±2.7	25.8±0.5	25.5±2.2	25.5±0.5
8	抽穗期重旱	25.3±0.6	25.9±1.0	25.4±0.5	25.5±1.4
9	抽穗灌浆期中旱	25.4±0.4	25.6±0.9	25.4±0.5	25.5±1.3
10	灌浆期轻旱	25.5±0.3	25.9±1.5	25.6±0.5	25.7±1.2
11	灌浆期重旱	25.4±0.6	25.8±2.7	25.5±0.4	25.6±0.2
12	充分灌溉	25.4±2.3	25.9±0.5	25.5±2.4	25.7±0.6

千粒重 CK1 较 CK 在上述受旱处理阶段与充分灌溉阶段的差异较大，此主要是由于 CK 能够缓释出适合水稻生长的营养成分，能够在一定程度上抵抗受旱处理对千粒重的影响。

5.5.5　产量

水稻不同生育期不同程度干旱处理对其生育和生理生态的影响最终会体现在产量的差异上，具体如图 5-12 所示。

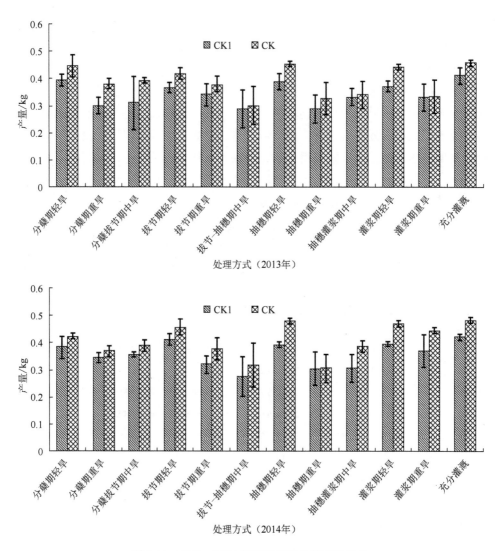

图 5-12　2013～2014 年干旱处理条件下的产量

在所有受旱处理过程中，较充分灌溉，水稻生产在分蘖期重旱、分蘖拔节期中旱、拔节期重旱、拔节抽穗期中旱、抽穗期重旱和灌浆期重旱处理对产量降低的影响程度较大，分蘖期轻旱、拔节期轻旱和抽穗期轻旱对产量降低的影响程度较小；灌浆期轻旱对水稻产量影响最小，这表明，水稻生育阶段受旱程度严重和受旱持续时间长均对水稻产量产生较大影响，受旱程度轻或受旱持续时间短对水稻产量影响不大。

5.6　水分生产函数

作物水分生产函数表征作物需水和产量的关系。作物产量除与水分有关系外，还与品种、营养、空气流通及热状况等诸多情况有关。了解了作物各生育阶段对水分的敏感程度，可以合理安排灌溉。

近年来作物水分生产函数应用较普遍的是 M.E.Jensen 模型，是利用最小二乘法将 M.E.Jensen 模型转换为求解线性方程组，采用线性回归的方法即可求出不同年份各生育阶段的水分敏感指数。

M.E.Jensen 模型（1968 年），其表达式为

$$\frac{Y_a}{Y_m} = \prod_{i=1}^{n} \left(\frac{ET_a}{ET_m} \right)_i^{\lambda_i} \tag{5-1}$$

式中，Y_a——各干旱处理条件下实际产量，kg/hm；

　　　Y_m——充分灌溉条件下实际产量，kg/hm；

　　　ET_a——各干旱处理条件下实际腾发量，mm；

　　　ET_m——充分灌溉条件下实际腾发量，mm；

　　　i——生育期阶段编号；

　　　n——生育期阶段划分总数；

　　　λ_i——不同生育期阶段干旱处理对产量影响敏感系数。

对于式（5-1）而言，针对具体试验，只要确定敏感系数，水分生产函数就可确立。敏感系数可由下述方法得出：

对式（5-1）两边取对数得

$$\ln \frac{Y_a}{Y_m} = \sum_{i=1}^{n} \lambda_i \ln \left(\frac{ET_a}{ET_m} \right)_i$$

令 $M = \ln \dfrac{Y_a}{Y_m}$，$X_i = \ln \left(\dfrac{ET_a}{ET_m} \right)_i$，$K_i = \lambda_i$；可知，$M = \sum_{i=1}^{n} K_i X_i$；假设试验采用 m 个处理，可以得到 J 组 X_{ij}，M_j（$j=1$，2，…，m；$i=1$，2，…，n），采用最小二乘法，构建目标函数

$$\min f = \sum_{j=1}^{m} \left(M_j - \sum_{i=1}^{n} K_i X_{ij} \right)^2$$

令 $\dfrac{\delta f}{\delta K_i} = 0$，则 $\dfrac{\delta f}{\delta K_i} = -2 \sum_{j=1}^{m} \left(M_j - \sum_{i=1}^{n} K_i X_{ij} \right) X_{ij} = 0$

求解该方程，便得到线性方程组

$$\begin{cases} L_{11}K_1 + L_{12}K_2 + \cdots + L_{1n}K_n = L_{1M} \\ L_{21}K_1 + L_{22}K_2 + \cdots + L_{2n}K_n = L_{2M} \\ \cdots \\ L_{n1}K_1 + L_{n2}K_2 + \cdots + L_{nn}K_n = L_{nM} \end{cases}$$

式中，$L_{ik} = \sum_{j=1}^{m} X_{ij} \cdot X_{kj}$ （$k=1,2,\cdots,n$）；$L_{iM} = \sum_{j=1}^{m} X_{ij} \cdot M_j$ （$i=1,2,\cdots,n$）。

其相关系数 $R = \left[\dfrac{\sum\limits_{i=1}^{n} K_i L_{i,n+1}}{L_{n+1,n+1}} \right]^{\frac{1}{2}}$，求解上述方程式，求得 K_i，R，即可得到敏感

系数 λ_i（表 5-13）。

表 5-13　敏感系数

年代	栽培模式	敏感系数			
		分蘖期	拔节孕穗期	抽穗开花期	灌浆乳熟期
2013 年	CK1	0.074 0	0.195 1	0.270 7	0.191 9
	CK	0.067 5	0.205 2	0.267 4	0.202 1
2014 年	CK1	0.010 1	0.158 9	0.271 4	0.117 3
	CK	0.041 7	0.232 8	0.300 3	0.136 9

通过实地试验，计算分析有关数据，得到各生育期干旱处理腾发量（表 5-9 及表 5-10）和产量（表 5-14）。

表 5-14　试验区域水稻主要阶段腾发量及产量

处理编号	处理方式	产量/kg			
		2013 年		2014 年	
		CK1	CK	CK1	CK
1	分蘖期轻旱	0.39±0.02	0.45±0.04	0.38±0.02	0.42±0.01
2	分蘖期重旱	0.30±0.03	0.38±0.02	0.34±0.05	0.37±0.02
3	分蘖拔节期中旱	0.31±0.1	0.39±0.01	0.35±0.03	0.39±0.02
4	拔节期轻旱	0.37±0.02	0.42±0.02	0.41±0.01	0.45±0.03
5	拔节期重旱	0.34±0.04	0.38±0.03	0.32±0.06	0.37±0.04
6	拔节-抽穗期中旱	0.29±0.07	0.30±0.07	0.28±0.09	0.48±0.08
7	抽穗期轻旱	0.39±0.03	0.45±0.01	0.39±0.01	0.36±0.01
8	抽穗期重旱	0.29±0.05	0.33±0.06	0.30±0.07	0.30±0.05
9	抽穗灌浆期中旱	0.33±0.03	0.34±0.05	0.30±0.06	0.38±0.02
10	灌浆期轻旱	0.37±0.02	0.45±0.01	0.39±0.01	0.47±0.01
11	灌浆期重旱	0.33±0.05	0.33±0.06	0.37±0.02	0.44±0.01
12	充分灌溉	0.41±0.03	0.46±0.01	0.42±0.02	0.48±0.01

利用 Excel 2007 回归分析，得出试验区域 2 年不同干旱处理 2 种栽培模式的水分生产函数。

2013 年不同栽培模式水分生产函数为

$$\text{CK1:}\quad \frac{Y_a}{Y_m} = \left[\frac{ET_{(1)}}{ET_{m(1)}}\right]^{0.0740} \left[\frac{ET_{(2)}}{ET_{m(2)}}\right]^{0.1951} \left[\frac{ET_{(3)}}{ET_{m(3)}}\right]^{0.2707} \left[\frac{ET_{(4)}}{ET_{m(4)}}\right]^{0.1919} \tag{5-2}$$

相关系数 $R=0.9260$，由上述水分生产函数可知，2013 年 CK1 水稻栽培模式主要生育阶段对水分敏感性由大到小依次是：抽穗开花期＞拔节孕穗期＞灌浆乳熟期＞分蘖期。

$$\text{CK:}\quad \frac{Y_a}{Y_m} = \left[\frac{ET_{(1)}}{ET_{m(1)}}\right]^{0.0675} \left[\frac{ET_{(2)}}{ET_{m(2)}}\right]^{0.2052} \left[\frac{ET_{(3)}}{ET_{m(3)}}\right]^{0.2674} \left[\frac{ET_{(4)}}{ET_{m(4)}}\right]^{0.2021} \tag{5-3}$$

相关系数 $R=0.8895$，由上述水分生产函数可知，2013 年 CK 水稻栽培模式主要生育阶段对水分敏感性由大到小依次是：抽穗开花期＞拔节孕穗期＞灌浆乳熟期＞分蘖期。

由式（5-2）及式（5-3）可知，在 2013 年水稻生产分蘖阶段，CK 敏感系数小于 CK1 敏感系数，表明在分蘖期，CK 水分对产量影响弱于 CK1 水分对产量的影响；在拔节孕穗期、拔节开花期及灌浆乳熟期，CK 敏感系数均大于 CK1 敏感系数，表明在拔节孕穗期、拔节开花期及灌浆乳熟期，CK 水分对产量影响均强于 CK1 水分对产量的影响。

2014 年不同栽培模式水分生产函数为

$$\text{CK1:}\quad \frac{Y_a}{Y_m} = \left[\frac{ET_{(1)}}{ET_{m(1)}}\right]^{0.0101} \left[\frac{ET_{(2)}}{ET_{m(2)}}\right]^{0.1589} \left[\frac{ET_{(3)}}{ET_{m(3)}}\right]^{0.2714} \left[\frac{ET_{(4)}}{ET_{m(4)}}\right]^{0.1173} \tag{5-4}$$

相关系数 $R=0.8978$，由上述水分生产函数可知，2014 年 CK1 水稻栽培模式主要生育阶段对水分敏感性由大到小依次是：抽穗开花期＞拔节孕穗期＞灌浆乳熟期＞分蘖期。

$$\text{CK:}\quad \frac{Y_a}{Y_m} = \left[\frac{ET_{(1)}}{ET_{m(1)}}\right]^{0.0417} \left[\frac{ET_{(2)}}{ET_{m(2)}}\right]^{0.2328} \left[\frac{ET_{(3)}}{ET_{m(3)}}\right]^{0.3003} \left[\frac{ET_{(4)}}{ET_{m(4)}}\right]^{0.1369} \tag{5-5}$$

相关系数 $R=0.7776$，由上述水分生产函数可知，2014 年 CK 水稻栽培模式主要生育阶段对水分敏感性由大到小依次是：抽穗开花期＞拔节孕穗期＞灌浆乳熟期＞分蘖期。

由式（5-4）及式（5-5）可知，在 2014 年水稻生产分蘖期、拔节孕穗期、拔节开花期及灌浆乳熟期，CK 敏感系数均大于 CK1 敏感系数，表明在分蘖期、拔节孕穗期、拔节开花期及灌浆乳熟期，CK 水分对产量影响均强于 CK1 水分对产量的影响。

纵观 2013 年及 2014 年 CK1 及 CK 水分生产函数，2 年分蘖期水分对产量的影响差异较大，此主要是由 2 年分蘖期内的天气差异造成的。

5.7　水分利用效率

水稻产量水分利用效率（water use efficiency，WUE_Y）是指水稻每消耗 1 m^3 水量所能产生的籽粒产量，为

$$WUE_Y = \frac{Y}{ET} \qquad (5\text{-}6)$$

式中，Y ——水稻经济产量，kg/hm^2；

ET ——水稻需水量，mm/hm^2。

本试验实测数据计算得出各干旱处理水分利用效率如表 5-15 及表 5-16 所示。

表 5-15　2013 年试验区域水稻干旱处理水分利用效率

处理编号	处理方式	需水量/（m^3/hm^2）		产量/（kg/hm^2）		WUE_Y	
		CK1	CK	CK1	CK	CK1	CK
1	分蘖期轻旱	9 503	9 413	13 119.52	14 877.60	1.38	1.58
2	分蘖期重旱	7 892	7 880	10 072.88	12 663.21	1.28	1.61
3	分蘖拔节期中旱	7 732	7 623	10 349.84	13 099.87	1.34	1.72
4	拔节期轻旱	9 846	9 604	12 244.88	13 973.19	1.24	1.46
5	拔节期重旱	8 792	8 490	11 370.25	12 663.21	1.29	1.49
6	拔节-抽穗期中旱	8 542	8 430	9 620.98	10 043.23	1.12	1.19
7	抽穗期轻旱	9 622	9 512	12 973.75	15 152.18	1.35	1.59
8	抽穗期重旱	9 267	8 560	9 620.98	10 916.56	1.04	1.28
9	抽穗灌浆期中旱	8 903	8 647	11 137.01	11 353.22	1.25	1.31
10	灌浆期轻旱	9 321	9 122	12 390.66	14 846.52	1.33	1.63
11	灌浆期重旱	8 414	8 356	11 078.70	11 134.89	1.32	1.33
12	充分灌溉	9 997	9 819	13 702.61	15 283.18	1.37	1.56

表 5-16　2014 年试验区域水稻干旱处理水分利用效率

处理编号	处理方式	需水量/（m³/hm²）		产量/（kg/hm²）		WUE$_Y$	
		CK1	CK	CK1	CK	CK1	CK
1	分蘖期轻旱	9 043	9 580	12 663.21	14 011.66	1.40	1.46
2	分蘖期重旱	7 700	8 672	11 353.22	12 226.54	1.47	1.41
3	分蘖拔节期中旱	7 452	8 570	11 789.88	12 894.64	1.58	1.50
4	拔节期轻旱	9 823	9 710	13 623.86	15 122.49	1.39	1.56
5	拔节期重旱	8 523	9 180	10 610.89	12 435.71	1.24	1.35
6	拔节-抽穗期中旱	8 400	9 092	9 169.91	10 555.44	1.09	1.16
7	抽穗期轻旱	9 231	9 632	12 995.07	15 924.94	1.41	1.65
8	抽穗期重旱	8 830	9 321	10 043.23	10 096.51	1.14	1.08
9	抽穗灌浆期中旱	8 713	9 200	10 130.57	12 805.56	1.16	1.39
10	灌浆期轻旱	8 875	9 401	13 099.87	15 603.69	1.48	1.66
11	灌浆期重旱	8 370	9 002	12 226.54	14 754.83	1.46	1.64
12	充分灌溉	10 054	9 740	13 973.19	16 062.62	1.39	1.65

分析表 5-15 及表 5-16 可知，分蘖期和灌浆期受旱处理下的水分利用效率高于充分灌溉下的水分利用效率，此说明为提高水分利用效率，可在分蘖期和灌浆期采取适当受旱处理。在拔节-抽穗期中旱和抽穗期重旱，较充分灌溉，其水分利用效率降低幅度最大，这主要是这两个阶段水稻对水分比较敏感，此两个阶段受旱使产量大幅度降低，从而导致水分利用效率降低。

在充分灌溉条件下，CK 较 CK1 能提高水分利用效率，较 CK1，2013 年提高 13.87%，2014 年提高 18.71%。在生育阶段受旱处理，同一阶段，CK 水分利用效率均高于 CK1。

5.8　讨　论

1. 充分灌溉下水稻需水规律

陈家宙等（2000 年）、付强等（2002 年）、朱庭芸（1985 年）和汤广民（2001 年）通过对充分灌溉条件下水稻需水规律研究认为，在初期，水稻耗水表现在株间蒸发；随着水稻生长发育、特别是拔节孕穗期株间蒸发和植株蒸腾量同时加大；抽穗以后，水稻植株对水分需求量逐渐减弱。上述结论与本节所涉及的带钵移栽秧盘及平育秧盘培育的水稻秧苗在充分灌溉条件下的需水规律相近。

2. 不同水分处理对水稻需水量及水稻生长发育的影响

李远华等（1994 年）及季飞（2008 年）认为，当水稻生态系统中最活跃的因素——水分状况改变时，所有其他环境因素及其生态作用都发生改变，主要体现在通过土壤水分状况影响叶片的气孔调节及蒸腾等要素，抑制水稻的生长发育，从而限制水稻植株的蒸腾量。

上述研究结论与平育盘培养秧苗需水量及生长发育状况相同，但带钵移栽秧盘培育的秧苗需水量及生长发育状况不尽相同，接近充分灌溉条件下的需水量及生长发育状况，与带钵移栽秧盘具有一定蓄水功能和营养成分缓释有关。

3.　不同水分处理对水稻水分敏感性及利用效率影响

季飞（2008 年）认为不同水分处理对水稻水分利用效率各不相同。此与本节相关研究结果相同。

同时，季飞（2008 年）还认为，水稻各主要生育阶段对水分敏感性顺序依次是抽穗期—拔节期—分蘖期—灌浆期。此与本节研究结果不同，针对平育盘及带钵移栽秧盘培育的水稻秧苗，其各主要生育阶段对水分敏感性顺序依次是：抽穗开花期＞拔节孕穗期＞灌浆乳熟期＞分蘖期，顺序差异与不同地域的气候差异相关。

5.9　小　　结

本章通过 2 年盆栽试验探讨不同水分处理下不同栽培模式的需水规律和对水稻生长发育的影响，得到以下结论：

（1）在充分灌溉条件下，平育秧盘和带钵移栽秧盘 2 种栽培模式在水稻生育期内需水特性及规律相同，带钵移栽秧盘栽培模式整体上需水量较小。

（2）通过对水稻施加不同水分处理，其对平育秧盘栽培模式影响较大，对带钵移栽秧盘栽培模式影响较小。

（3）不同水分处理对平育秧盘栽培模式水稻生长发育影响较大，对带钵移栽秧盘栽培模式影响较小。

（4）平育秧盘和带钵移栽秧盘 2 种栽培模式对水分主要生育阶段对水分敏感性相同，由大到小依次是：抽穗开花期＞拔节孕穗期＞灌浆乳熟期＞分蘖期。

第 6 章　带钵移栽秧盘秧苗对缓苗前
温度胁迫的适应性

近年来全球气候变化异常，对作物生长产生不同程度的影响。就我国寒区而言，水稻生产多采用移栽方式，移栽前后不同程度温差是水稻生产的不利因素，重点表现在育秧效果差，病害蔓延，如图 6-1 所示。缓苗期长是温度差影响的外在表现，也是对水稻生产不利和很难人工改变的因素。

图 6-1　温度突变对移栽前秧苗的危害（2014 年）

目前国内外在此方面的研究多集中于温度胁迫对缓苗后的水稻秧苗生理生态和产量及品质等方面，而就温度胁迫对缓苗前的水稻秧苗素质影响的研究鲜见报道。培育具有良好素质的水稻秧苗是提高产量及品质的前提条件，也是本章研究的根本出发点。

本章通过探究新型水稻育秧载体秧苗对温度胁迫的适应性，以期为培育壮苗提供参考。

6.1　试验材料与方法

6.1.1　试验材料

（1）供试品种为垦鉴稻 6。试验前将选晴天晒种 2～3 d，能够平衡水分使吸水发芽整齐、提高发芽率和发芽势，同时具有消毒的作用。种子晒好后，要严格进行盐水选种，盐水的比重为 1.13，此时，将种子倒入调好的盐水中充分搅拌，捞出飘浮的空秕粒，再将沉在下面的饱满种子捞出，用清水洗 2 遍后待用。

（2）平育秧盘（CK1）若干，为市售产品；带钵移栽秧盘若干，由黑龙江八一农垦大学钵育研究中心提供。

6.1.2 试验时间与地点

本试验于 2014 年 3 月 1 日～5 月 24 日在黑龙江八一农垦大学工程学院人工气候室内进行。

6.1.3 试验设计与方法

1. 种子出苗期低温胁迫对种子出苗的影响

寒区水稻大棚育秧一般在每年 4 月初完成，此时处于逐步回暖阶段，但此阶段突降暴雪频频发生，导致气温突降，此时种子易受低温胁迫，对种子出苗率影响较大。以多年来大棚内此时期平均温度（10℃）为起点，在人工气候室设置不同程度低温处理以及不同周期低温处理，观察带钵移栽秧盘对种子出苗数和种子出苗率的影响，并与常规育秧载体的种子出苗数和种子出苗率相比较。

对寒区多年气象资料分析，带钵移栽秧盘对出苗期低温胁迫的适应性试验方案如表 6-1 所示。

表 6-1 带钵移栽秧盘对出苗期低温胁迫的适应性试验方案

试验目的	试验方案
不同程度低温胁迫对出苗的影响	在试验场地温度内人工播种，分别将低温设置为 4℃、2℃、0℃ 及−2℃ 4 个处理，持续时间 12 h
不同周期低温对出苗的影响	低温设置为−2℃，持续时间设置为 8 h、12 h、16 h 及 20 h 4 个处理

2. 出苗后期高温胁迫对水稻秧苗素质的影响

通过多年试验观察，在水稻秧苗育秧出苗后，也就是从叶针抽出期始，由于对大棚管理不到位或者外界温度突然升高（尤其是每天 10:00～14:00），均会对水稻秧苗产生高温胁迫。为探究高温胁迫对水稻秧苗成苗率和秧苗素质的影响，带钵移栽秧盘对出苗后高温胁迫适应性试验方案如表 6-2 所示，水稻秧苗高温胁迫处理均为单阶段胁迫处理。

表 6-2 带钵移栽秧盘对出苗后高温胁迫适应性试验方案

时间	叶枕抽出期		离乳期		四叶长出期	
	处理/℃	对照/℃	处理/℃	对照/℃	处理/℃	对照/℃
06:30～10:00	15	12	17	14	19	17
10:30～12:00	20	18	22	20	24	22
12:30～15:00	26	24	30	25	26	23
15:30～18:00	16	14	18	16	20	18
18:30～06:00（次日）	12	10	12	10	14	12

注：四叶长出期需要进行炼苗处理，需要对大棚长时间开启，故此时大棚温度低于离乳期。

3. 对移栽后秧苗缓苗期的影响

水稻秧田与大棚秧苗生长环境有一定差异，主要差异体现在生长环境温度方面，尤其是对水稻秧苗根部温度有较大的影响，因此延迟水稻秧苗的生长，可造成水稻秧苗缓苗现象的发生。

为研究带钵移栽秧盘对缓苗期的影响，在水稻秧田采用目前典型试验区域常用水稻移栽深度，与常规秧苗比较缓苗期秧苗生理变化。

6.1.4　测定指标

1. 出苗期低温胁迫对种子出苗率的影响

此阶段测定指标为出苗率，取 5～10 盘相同规格的带钵移栽秧盘和平育秧盘，按照相同育苗方法，在相同处理条件下，测定出现合格破土秧苗（定义为叶枕抽出前清晨秧苗叶尖均出现吐水现象，如图 6-2 所示）株数与试验总株数的比例为出苗率，即

$$L = \frac{L_{出苗}}{L_{总}} \times 100\%$$ （6-1）

式中，L ——出苗率，%；

$L_{出苗}$ ——合格破土秧苗（定义为叶枕抽出前清晨秧苗叶尖均出现吐露现象，

如图 6-2 所示）株数，株；

$L_{总}$ ——试验水稻育秧载体总株数，株。

图 6-2　育秧期秧苗吐露现象

2. 出苗后期高温胁迫对成苗及秧苗素质的影响

（1）移栽前随机取 5～10 株秧苗测定苗高、茎基宽、地上、地下干物质重量和发根力。

（2）成苗率：是指种子出苗后经过一定温度胁迫处理后适合移栽的秧苗，取各种处理生长一致的育秧载体秧苗，各取 3 个重复处理，去除育秧载体内的不合格秧苗（株高低于正常秧苗株高 1/2、叶片数少于正常秧苗叶片数的 1/2、茎秆瘦弱），分别计算出育秧载体内成苗数和成苗率。

（3）茎基宽：取长势均匀的秧苗 5 株，紧密排列，测其宽度即为茎基宽。

（4）发根力：表征水稻秧苗根部发达程度，用根数与最长根长的乘积表示。

3．对移栽后秧苗缓苗期的影响

（1）根系活力：利用氯化三苯基四氮唑（TTC）法测试。

（2）叶绿素浓度：由叶绿素快速测试仪测试。

6.1.5　仪器与设备

人工气候室 1 间（面积 10 m^2，由黑龙江八一农垦大学设计制造），SPAD-502 叶绿素快速测试仪 1 部，其他必需工具若干。

6.2　试验结果与分析

6.2.1　出苗期低温胁迫对出苗率的影响

1．不同程度低温胁迫对出苗率的影响

不同程度低温胁迫对出苗率的影响如图 6-3 所示。由图 6-3 可知，CK1 及 CK 出苗率均随着温度的降低而下降，并且均小于正常温度处理下的出苗率。

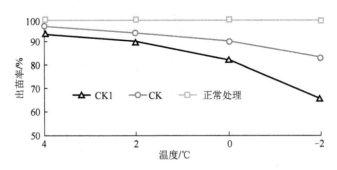

图 6-3　不同程度低温胁迫对种子出苗率的影响

较正常温度处理下的出苗率（表 6-3），在 4℃、2℃、0℃和-2℃，CK1 出苗率分别下降 6.1%、9.2%、17.0%和 33.6%；CK 出苗率分别下降 3.0%、5.1%、9.1%和 16.0%；同时在相同温度胁迫处理中，CK1 出苗率下降幅度均高于 CK。

表 6-3 不同低温胁迫下秧苗出苗情况

低温处理/℃	种子数/粒		出苗数/株		出苗率/%	
	CK1	CK	CK1	CK	CK1	CK
4	1 134	1 134	1 057	1 092	93.2	96.3
2	1 134	1 134	1 022	1 068	90.1	94.2
0	1 134	1 134	933	1 023	82.3	90.2
−2	1 134	1 134	745	945	65.7	83.3

通过对不同温度胁迫处理下的水稻秧苗根部温度（图 6-4）观察可知，在 4℃ [图 6-4（a）]及 2℃ [图 6-4（b）]、0℃ [图 6-4（c）]和-2℃ [图 6-4（d）]温度胁迫处理时，CK1 秧苗根部（种子）温度下降速度明显慢于 CK 温度下降速度 [图 6-4（a）、（b）]，此主要是由于 CK 育秧方式在大棚室内和秧苗之间形成冷热隔离层，能够有效减少大棚室内冷空气的侵入和钵体内部热量的散失（图 6-5 及图 6-6），从而降低钵体内温度下降速度。

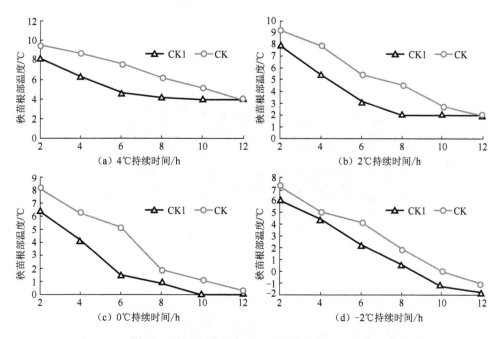

图 6-4 不同程度温度胁迫下秧苗根部温度变化

此研究结果与王书裕（1981 年）及向丹（2013 年）的研究结果一致，水稻苗期低温胁迫使出苗率降低，促使水稻秧苗立枯病发生几率升高。王书裕及向丹认为，这主要是水稻育秧期幼苗营养主要由种子提供，当遭遇低温胁迫时，种子细胞内氧代谢平衡失调，产生活性氧化作用或加剧膜质过氧化作用，造成细胞膜系统损伤，导致水稻育秧期幼苗枯萎甚至死亡及育秧期出苗率降低（表 6-4 和图 6-7）。

表 6-4　种子出苗率在不同低温处理下与正常处理和不同育秧载体下的差异

育秧载体	与正常处理下的种子出苗率差异/%			
	4℃	2℃	0℃	−2℃
CK1	−6.1	−9.2	−17	−33.6
CK	−3	−5.1	−9.1	−16

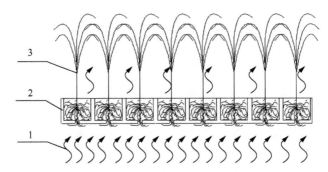

图 6-5　新型钵育载体对低温胁迫的阻隔作用

1. 冷空气；2. 新型钵育载体；3. 秧苗

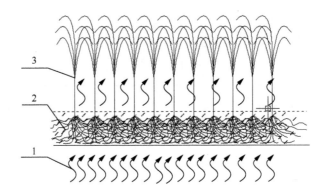

图 6-6　平育秧盘对低温胁迫的阻隔作用

1. 冷空气；2. 新型钵育载体；3. 秧苗

图 6-7　低温胁迫对出苗率的影响

2. 不同周期低温胁迫对出苗率的影响

不同周期低温胁迫对出苗率影响如图 6-8 所示。同一低温胁迫处理与正常温度处理相比，在低温周期 8 h、12 h、16 h 和 20 h 时，CK1 出苗率分别下降 8.3%、11.0%、15.7% 和 29.2%；CK 出苗率分别下降 4.9%、7.3%、10.6% 和 14.1%（表 6-5）。出苗率随低温胁迫周期增长而降低，主要是由于随着低温处理时间延长，育秧期水稻幼苗细胞内超氧化歧化酶和过氧化氢酶活性明显下降，使育秧期水稻幼苗抵抗冷害能力下降，从而促使出苗率明显下降。

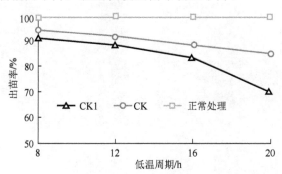

图 6-8　不同周期低温胁迫对出苗率的影响

表 6-5　种子出苗率在不同低温周期处理下与正常处理和不同育秧载体下的差异

育秧载体	与正常处理下的种子出苗率差异/%			
	8 h	12 h	16 h	20 h
CK1	−8.3	−11	−15.7	−29.2
CK	−4.9	−7.3	−10.6	−14.1

6.2.2　出苗后期高温胁迫对成苗率及秧苗素质的影响

1. 成苗率

种子出苗后，随着时间推移，外界温度逐渐升高，大棚内温度也随之升高，此时水稻秧苗易受高温胁迫，不利于培养健康秧苗。不同生育阶段高温胁迫对成苗率影响如表 6-6 所示。

表 6-6　不同生育阶段高温胁迫对成苗率影响（出苗数 1 126 株）

生育阶段	成苗数/株		成苗率/%	
	CK1	CK	CK1	CK
叶枕抽出期	71.2	10.04	63.2	89.2
离乳期	77.0	10.33	68.4	91.7
四叶长出期	87.9	10.64	78.1	94.5

由表 6-6 可知，在不同生育阶段高温胁迫，CK1 成苗率均低于正常情况出苗率（96.3%），CK 成苗率较接近正常情况出苗率。

叶针抽出期，也就是第 1 完全叶伸长期，水稻秧苗正在进行第 1 叶鞘和第 2 叶片的伸长，随着秧根形成，此时水稻秧苗体内营养一方面由自养（胚乳）提供，另一方面由土壤提供。此时遭遇高温胁迫，易使秧苗根部灼伤，如图 6-9 所示，并且易使第 1 叶鞘和第 2 叶片大幅度加长形成徒长苗，如图 6-10 所示，不利于最终成苗。

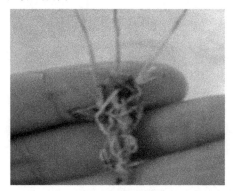

图 6-9　秧苗根部灼伤　　　　　　　　　　　　图 6-10　秧苗徒长

此时，由于 CK 育秧载体一方面能够有效抵御高温对秧苗根部灼伤，如图 6-11 所示（平育秧盘对高温的阻隔如图 6-12 所示），促进根部健康生长，有利于秧苗成苗；另一方面，在大棚温湿环境下，CK 钵体内的营养成分逐渐释放，被秧苗根部吸收，能够减少徒长秧苗数，最终促使秧苗成苗。

离乳期，也就是水稻秧苗发育到第 1 叶完全展出后，胚乳残留量逐渐下降，胚乳营养供给量越来越少，至第 3 叶完全展开，胚乳消耗殆尽，此时水稻秧苗上部将长出第 2、3 片叶，地下部分不完全叶节发根；同时此时期是秧苗抗逆性最差的阶段。离乳期水稻秧苗遭遇高温胁迫，易导致秧苗体内养分过分消耗，发生秧苗徒长现象。CK 育秧载体内营养成分缓释功能在一定程度上减缓秧苗徒长现象的发生，促使成苗率升高。

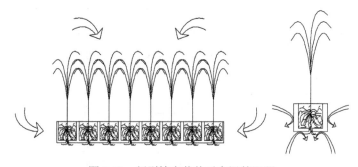

图 6-11　新型钵育载体对高温的阻隔

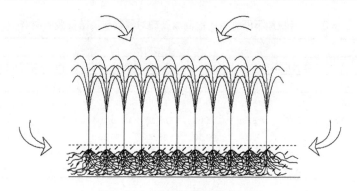

图6-12　平育秧盘对高温的阻隔

第4叶长出期，秧苗进入生长旺盛时期。当水稻秧苗遭遇高温胁迫时，秧苗呼吸和光合作用增强，秧苗高度增长速度加快，不利于地上和地下干物质积累，不利于水稻秧苗炼苗，使水稻秧苗瘦弱（图6-13），分蘖能力下降，不利秧苗最终成苗。

图6-13　第4叶长出期高温胁迫对秧苗的影响

2. 秧苗素质

育秧期不同生育阶段高温处理对移栽前秧苗素质的影响如表6-7所示。由表6-7可知，在水稻育秧期秧苗在叶枕抽出期、离乳期和四叶长出期等时期遭遇高温胁迫，CK1苗高较对照分别升高5.92%、9.87%和12.5%；CK苗高较对照分别升高1.97%、0.66%和3.95%；CK1茎基宽较对照分别减小20%、14.19%和17.14%；CK茎基宽较对照分别减小5.71%、8.57%和5.71%；CK1发根力较对照分别减弱46.52%、21.39%和25.13%；CK发根力较对照在叶枕抽出期和离乳期分别减弱4.49%和5.88%，在四叶长出期增强1.07%；CK1地上干重较对照分别减少42.67%、17.33%和12%；CK地上干重较对照分别减少6.67%、2.67%和2.67%；CK1地下干重较对照分别减少14.93%、7.46%和2.99%。

表 6-7　育秧期不同生育阶段高温处理对移栽前秧苗素质的影响

秧苗素质	生育阶段								
	叶枕抽出期			离乳期			四叶长出期		
	CK1	CK	对照	CK1	CK	对照	CK1	CK	对照
苗高/cm	16.10	15.50	15.20	16.70	15.30	15.20	17.01	15.80	15.20
茎基宽/cm	2.80	3.30	3.50	3.00	3.20	3.50	2.90	3.30	3.50
发根力	50.00	89.30	93.50	73.50	88.00	93.50	70.00	94.50	93.50
地上干重/g	0.43	0.70	0.75	0.62	0.73	0.75	0.66	0.73	0.75
地下干重/g	0.34	0.57	0.67	0.47	0.62	0.67	0.56	0.65	0.67

就一般育秧载体而言，在育秧期对水稻秧苗高温处理，易使秧苗地上部分徒长，秧根受到灼伤，促使发根力降低，干物质积累减弱；带钵移栽秧盘能够减小高温胁迫对秧苗根部灼伤，钵体内营养成分缓释，能够加强干物质积累，从而使秧苗素质提高。

3. 缓苗期

目前，在我国寒区，一般在移栽前 4～6 d，育秧大棚均需全部打开，进行炼苗处理，使大棚内温度逐渐与环境温度接近。对于一般育秧载体而言，一方面，在移栽时由于水稻秧苗根部盘结，机插秧针需对其撕裂才能完成插秧作业，此易损伤秧苗；另一方面，当秧苗插入大田后，其根部环境与大棚内环境差异很大，因此秧苗需要一定时期适应环境才能继续生长，此时期为缓苗期。

对于 CK1 和 CK，带钵移栽秧盘移栽方式如图 6-14 所示，在移栽时，钵体随带钵移栽秧盘钵苗一起移栽大田。经过炼苗处理，钵孔内生长环境与大田环境相似，带钵移栽秧盘钵苗移栽大田后不需缓苗。经 2009～2013 年在黑龙江省农垦总局牡丹江分局云山农场田间观测（表 6-8），上述结论得到验证。

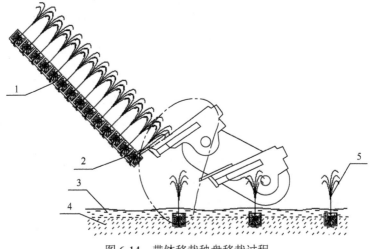

图 6-14　带钵移栽秧盘移栽过程

1. 新型钵育载体；2. 机插机构；3. 水层；4. 土壤；5. 移栽后带钵移栽秧盘秧苗

表 6-8　缓苗期调查

技术类型	缓苗期/d				
	2009 年	2010 年	2011 年	2012 年	2013 年
CK	0	0	0	0	0
CK1	5～7	5～7	6～8	5～7	5～7
CK2	7～9	8～10	7～9	9～10	7～9

大田试验表明（表 6-9），CK1 秧苗根活性和叶绿素浓度随着移栽时间的延长先减小后升高，CK1 秧苗根活性和叶绿素浓度减小阶段正是其适应环境阶段，也就是缓苗期；CK 秧苗根活性和叶绿素浓度随着移栽时间的延长持续升高，此主要是由于 CK 秧苗随钵体移栽，一方面能够有效避免秧针损伤秧根，另一方面能够使移栽后的秧苗秧根生长环境与炼苗期一致，如图 6-14 中 5 所示，因此，带钵移栽秧盘能够避免缓苗期。

表 6-9　缓苗期考核指标

移栽后天数/d	处理			
	CK1		CK	
	根活性	叶绿素浓度	根活性	叶绿素浓度
0	0.089	22.0	0.110	22.1
2	0.032	22.3	0.121	22.5
4	0.018	19.2	0.157	22.8
6	0.093	17.2	0.285	24.6
8	0.146	23.0	0.336	25.4

6.3　讨　　论

邱学斌等（1996 年）及李军等（1997 年）认为在寒区水稻育秧期间采用三膜覆盖以及隔温层有助于提高种子出苗率和水稻秧苗成苗率，主要是由于第二、三层膜使种子与冷空气产生隔离层，阻碍冷空气侵蚀。此观点和结论与本章研究结果一致。

苏德财等（2013 年）、刘开顺等（2013 年）、全妙华等（2012 年）和陈琨等（2012 年）认为移栽前后秧苗生长环境变化程度越小，越利于水稻秧苗缓苗，此观点与带钵移栽秧盘无缓苗期的结论相似。

6.4　小　　结

通过室内试验探索温度胁迫对带钵移栽秧盘秧苗的影响，得到以下结论：

（1）育秧期低温胁迫，常规育秧载体及带钵移栽秧盘的出苗率均随着温度的降低而下降，并且均小于正常温度处理下的出苗率；较正常温度处理下的出苗率，在 4℃、2℃、0℃和-2℃，常规育秧载体出苗率分别下降 6.1%、9.2%、17.0%和33.6%；带钵移栽秧盘出苗率分别下降 3.0%、5.1%、9.1%和 16.0%。

（2）在同一低温胁迫处理，较正常温度处理，在低温周期 8 h、12 h、16 h 和20 h 时，常规育秧载体出苗率分别下降 8.3%、11.0%、15.7%和29.2%；带钵移栽秧盘出苗率分别下降 4.9%、7.3%、10.6%和14.1%

（3）不同生育阶段高温胁迫，常规育秧载体成苗率均低于正常情况出苗率（96.3%），带钵移栽秧盘成苗率较接近正常情况出苗率。

（4）在水稻育秧期秧苗在叶枕抽出期、离乳期和四叶长出期等时期遭遇高温胁迫，常规育秧载体苗高较对照苗高分别升高 5.92%、9.87%和 12.5%；带钵移栽秧盘苗高较对照苗高，分别升高 1.97%、0.66%和 3.95%；常规育秧载体秧苗茎基宽较对照茎基宽，分别减小 20%、14.19%和 17.14%；带钵移栽秧盘秧苗茎基宽较对照茎基宽，分别减小 5.71%、8.57%和 5.71%；常规育秧载体秧苗发根力较对照发根力，分别减弱 46.52%、21.39%和 25.13%；带钵移栽秧盘秧苗发根力较对照发根力，在叶枕抽出期和离乳期分别减弱 4.28%，在四叶长出期增强 1.07%；常规育秧载体秧苗地上干重较对照地上干重，分别减少 42.67%、17.33%和 12%；带钵移栽秧盘秧苗地上干重较对照地上干重，分别减少 6.67%、2.67%和 2.67%；CK1地下干重较对照地下干重，分别减少 14.93%、7.46%和 2.99%。

（5）常规育秧载体秧苗根活性和叶绿素浓度随着移栽时间的延长先减小后升高，常规育秧载体秧苗根活性和叶绿素浓度减小阶段正是其适应环境阶段，也就是缓苗期；带钵移栽秧盘秧苗根活性和叶绿素浓度随着移栽时间的延长持续升高，表明带钵移栽秧盘秧苗无需缓苗期。

第7章　带钵移栽秧盘秧苗对风力胁迫的适应性

在我国寒区，水稻生产过程机械化程度达到 96.3%，高于我国其他地区水稻生产机械化平均水平。与水稻生产全程机械化比较，尚有 3.7%的机械化差异，此差异在水稻生产过程中主要表现在，一是育秧载体铺放与收起尚未实现机械化，二是移栽期秧苗田间运输仍需人工来完成，三是移栽后本田秧苗补苗作业环境恶劣，尚无法用机械手段来完成。

大量研究表明，水稻移栽需要补苗作业，一方面是移栽时缺苗伤苗所引起的，另一方面是秧苗漂秧现象频频发生造成的。目前有一些学者和水稻种植户认为漂秧现象的产生一方面是由水田整地效果差引起的，另一方面是由秧苗机插作业参数设置不足导致的。

但也有一些学者和水稻种植户认为，近年来，随着全球气候异常，我国寒区在水稻移栽期经常发生大风现象，且在风级和持续时间上不断加剧，不利于水稻移栽坐苗，使移栽后的大田漂秧率升高。

试验表明，风力对本田秧苗漂秧现象的发生具有一定的促进作用。本章以此为出发点，探索此阶段本田漂秧率升高的影响因素，寻求不同风级条件下的最佳作业方式，以期能够有效指导水稻秧苗移栽作业。研究结果对我国寒区水稻生产降低人工投入、降低水稻生产成本具有重要意义。

7.1　材料与方法

7.1.1　试验时间与地点

试验于 2014 年 7 月 29 日～9 月 20 日在黑龙江八一农垦大学风洞实验室内进行。

7.1.2　试验准备

试验用土壤取自试验区域，并经灌溉、泡浆、搅浆、沉浆处理，土壤容重与试验区域移栽前的土壤容重相似；每穴秧苗 3 棵，行距 30 cm。每个处理试验重复 3 次取平均值。

7.1.3　试验装置

本试验采用的试验装置为低速风洞试验台（图 7-1），由中国农业大学设计制造,主要由风机系统、工作室以及控制系统组成,其结构如图 7-2 所示,结构参数如表 7-1 所示。

表 7-1 风洞试验台结构参数

项目	参数
风速/(m/s)	2.0~16
风流场波动度/%	≤0.5
气流偏角/(°)	≤1
紊流度/(°)	≤0.5
主试验区(横截面为正方形)尺寸(长×宽)/mm	8 000×2 500

图 7-1 风洞试验装置

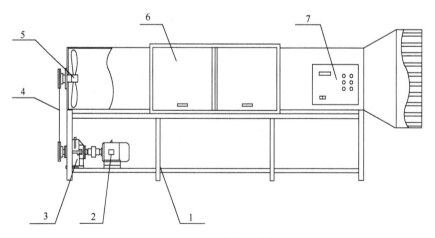

图 7-2 风洞试验装置结构图

1. 机架;2. 电机;3. 变速箱;4. 传送带;5. 风叶;6. 工作室;7. 控制柜

7.2　研　究　方　法

7.2.1　考核指标

本试验主要研究风力对漂秧率的影响，因此选择漂秧率作为考核指标。漂秧率为

$$R_p = \frac{Z_p}{Z} \times 100\% \qquad (7\text{-}1)$$

式中，R_p——漂秧率，%；

　　　Z_p——漂秧株数总数，株；

　　　Z——测定总株数，株。

7.2.2　影响因素

根据单因素试验结果和实地观察，移栽期漂秧率影响因素主要有水层深度、移栽深度、风力、风力持续时间和株距。根据典型试验区多年气候资料和水稻移栽农艺要求，各影响因素取值范围如表 7-2 所示。

表 7-2　漂秧率影响因素取值

影响因素	取值
水层深度/cm	1~4
移栽深度/cm	1~2.5
风力/（m/s）	6~12
风力持续时间/h	2~8
株距/cm	12~18

7.2.3　试验步骤

（1）对带钵移栽秧盘秧苗（CK）施加不同因素影响，观察其对漂秧率的影响，并与常规秧苗（CK1）比较。

（2）因为风力具有不可控制性，所以探讨在一定风力条件下的最佳作业方式。

7.3　试验条件假定

局限于试验环境和试验条件，为便于研究需假定下列试验条件：

（1）假定风洞试验观察区域内的风力一致。

（2）假定秧苗受风力作用时，在风场内秧苗整体受力面积不受弯曲变形影响。

7.4　风力作用下漂秧形成条件及过程

通过大量试验，观察漂秧现象，风力作用下漂秧形成过程及阶段如下：

（1）水稻秧苗遭遇风力胁迫（风力对水稻秧苗作用力如图7-3所示），水稻秧苗在一定风力（$F_{风合}$）条件下，秧苗随风向倾斜，在秧苗体内纤维弹力作用下，秧苗沿与风力相反方向摇摆。

（2）秧苗经过一定时间摇摆，根部产生空穴，进一步沿风向倾斜，逐渐与田间水层接触。

（3）与田间水层接触的秧苗在波浪水纹推动和风力综合作用下（$F_{综合}$），根部逐渐向上移动；

（4）当综合作用力（$F_{综合}$）大于土壤对根部着附力及水稻秧苗重力（$F_{着附力}$）时，根部彻底脱离土壤，在水层浮力作用下，漂浮在田间水层，形成漂秧。

水稻秧苗风力作用下受力分析如图7-3所示。

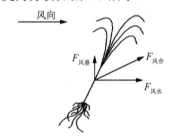

图 7-3　风力对水稻秧苗作用力分析

7.4.1　CK1 秧苗在风力作用下受力分析及漂秧形成过程

CK1 秧苗在风力作用下受力如图7-4所示。

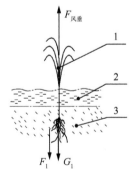

图 7-4　CK1 秧苗在风力作用下受力分析

1. CK1 秧苗；2. 水层；3. 土壤

针对 CK1 秧苗，在风力向上作用力（$F_{风垂}$）作用下，CK1 秧苗整体有向上的运动趋势，此时水稻的作用力为风力垂直作用力 $F_{风垂}$、秧苗重力 G 和土壤对根部着附力（F_1）。

此时，$F_{着附力} = F_{风垂} + G_1$。

此时若风力作用较小，即 $F_{风垂} \leqslant F_1 + G_1$，CK1 秧苗在风力作用下摇摆，不会发生漂秧现象；

此时若风力作用较大，即 $F_{风垂} > F_1 + G_1$，CK1 秧苗在风力作用下，根部逐渐离开原来位置（图 7-5 中点 A、$A_1 \sim A_3$），形成漂秧。

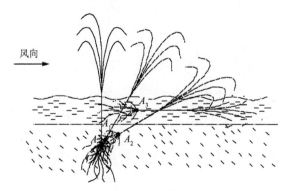

图 7-5　CK1 秧苗在风力作用下漂秧形成过程

7.4.2　CK 秧苗在风力作用下受力分析及漂秧形成过程

CK 秧苗在风力作用下受力与 CK1 秧苗不同，较复杂，体现在：

（1）在风力作用下，CK1 秧苗与土壤的 $F_{着附力}$ 一方面是 CK1 秧苗根部与土壤的作用力，另一方面是 CK1 秧苗的重力；而在风力作用下，CK 秧苗与土壤的 $F_{着附力}$ 一方面是 CK 钵体与土壤的作用力（图 7-6 中 F_1），另一方面是 CK 秧苗和钵体的重力。CK 秧苗在风力作用下受力如图 7-6 所示。

CK 秧苗带钵体移栽，在风力作用下，CK 秧苗根部受到钵体内部的牵拉作用（图 7-6 中 F_1）导致 CK 秧苗漂秧现象与 CK1 秧苗不同。

（2）若在风力作用下，风垂直方向作用力大于钵体内对秧苗根部牵拉力与重力的合力，即

$$\begin{cases} F'_{风垂} > F'_1 + G_2 \\ F'_{风垂} \geqslant F'_2 \end{cases} \tag{7-2}$$

式中，$F'_{风垂}$——风作用于水稻秧苗垂直方向作用力，N；

$\quad$ F'_1——钵体对秧苗的牵拉作用力，N；

$\quad$ G_2——秧苗受到的重力（含土壤重力），N；

$\quad$ F'_2——土壤对钵体附着力，N。

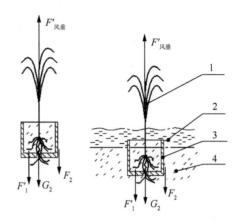

图 7-6　CK 秧苗在风力作用下的受力分析

1. 水稻秧苗；2. 水层；3. 钵体；4. 土壤

此时，CK 秧苗将脱离钵体，钵体留在土壤中，在风力及水层作用下形成漂秧，如图 7-7（a）所示。

（3）若在风力作用下，风垂直方向作用力小于钵体内对秧苗根部牵拉力与重力的合力，即

$$\begin{cases} F'_{\text{风垂}} < F'_1 + G_2 \\ F'_{\text{风垂}} \geqslant F'_2 \end{cases} \tag{7-3}$$

此时，CK 秧苗和钵体在风力及水层作用下形成漂秧，如图 7-7（b）所示。

（4）若在风力作用下，风垂直方向作用力小于钵体对秧苗根部牵拉力与重力的合力，也小于土壤对钵体的附着力 F_2，即

$$\begin{cases} F'_{\text{风垂}} < F'_1 + G_2 \\ F'_{\text{风垂}} < F'_2 \end{cases} \tag{7-4}$$

此时，CK 秧苗和钵体在风力及水层作用下摇摆，不易产生漂秧现象。

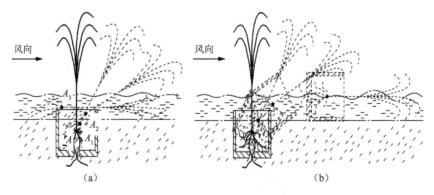

图 7-7　CK 秧苗风力作用下漂秧形成过程

7.5　漂秧率影响因素分析

7.5.1　风力持续时间

结合前期探索试验，确定水稻移栽农艺条件为：水层深度 2 cm，移栽深度 1.5 cm，株距 14 cm，风力 8 m/s，分析不同秧苗类型下风力持续时间对漂秧率的影响，试验结果如图 7-8 所示。

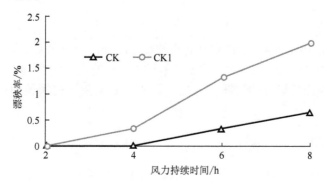

图 7-8　风力持续时间对漂秧率的影响

由图 7-8 可知，CK 及 CK1 均在风力持续时间大于 4 h 时出现漂秧现象；两者的漂秧率均随着风力持续时间的增加而升高，CK1 随风力持续时间增加漂秧率升高程度显著高于 CK。

随着风持续时间增加，秧苗摇摆频率增加，使秧苗根部与土壤接触部分的空穴（横向和纵向）增大，促使土壤对秧苗根部着附力逐渐减小，从而产生漂秧现象。

CK 较 CK1，由于其根部钵体能够有效增加土壤着附力，在相同移栽农艺下，不利于产生漂秧现象，导致在相同移栽农艺下，CK 漂秧率低于 CK1。

7.5.2　风力

结合前期探索试验，确定水稻移栽农艺条件为：水层深度 2 cm，移栽深度 1.5 cm，株距 14 cm，风力持续时间 4 h，分析不同秧苗类型下风力对漂秧率的影响，试验结果如图 7-9 所示。

由图 7-9 可知，CK 及 CK1 的漂秧率均随着风力的递增而升高。在相同移栽农艺条件下，CK1 较 CK 随风力递增漂秧率升高程度大。

随着风力递增，一方面风力作用于秧苗表面的作用力增大，另一方面当秧苗与水层接触时，随着风力作用增大，波纹对秧苗的推力增大，在上述现象的作用下，漂秧率随着风力的递增而提高。

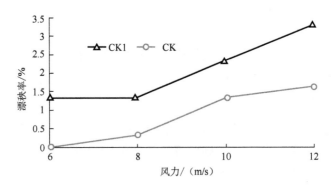

图 7-9 风力对漂秧率的影响

随着风力递增，CK1 漂秧率升高程度较 CK 快，一方面 CK 与土壤着附力大于 CK1 与土壤着附力，一方面与水层接触的 CK 秧苗，由于根本钵体的重力作用，波纹作用力不足以使根部与钵体分离，从而能够有效阻碍漂秧的形成，降低漂秧率。

7.5.3　水层深度

结合前期探索试验，确定水稻移栽农艺条件为：移栽深度 1.5 cm，株距 14 cm，风力持续时间 4 h，风力 8 m/s，分析不同秧苗类型下水层深度对漂秧率的影响，试验结果如图 7-10 所示。

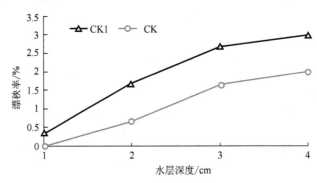

图 7-10 水层深度对漂秧率的影响

由图 7-10 可知，CK 及 CK1 的漂秧率均随着水层深度的增加而升高。在相同移栽农艺条件下，CK1 较 CK 随水层深度的增加漂秧率升高程度大。

在相同风力条件下，风力作用于秧苗的作用力相同，随着水层深度的增加，一方面波纹作用于秧苗的作用力增加，一方面波纹对秧苗根部的洗刷作用力增强，易使秧苗根部脱离土壤，在两者作用下，更易产生漂秧现象，从而使漂秧率升高。

由于 CK 钵体可以在一定程度上减弱波纹对秧苗根部的洗刷强度，不易使秧苗根部脱离土壤，从而使 CK 漂秧率小于 CK1 漂秧率。

7.5.4　株距

结合前期探索试验，确定水稻移栽农艺条件（水层深度 2 cm，移栽深度 1.5 cm，风力持续时间 4 h，风力 8 m/s），分析不同秧苗类型下株距对漂秧率的影响，试验结果如图 7-11 所示。

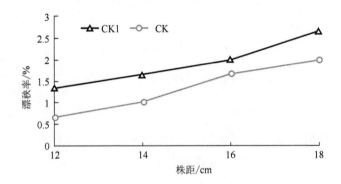

图 7-11　株距对漂秧率的影响

由图 7-11 可知，CK 及 CK1 的漂秧率均随株距加大而升高。在相同移栽农艺条件下，CK1 较 CK 随株距加大漂秧率升高程度大。

随着移栽株距加大，单位面积（本试验行距均为 30 cm）内秧苗株数减少，一方面使秧苗对风力的阻碍能力大大减弱，另一方面使波纹对秧苗根部的洗刷能力增强，在两者综合作用下，易产生漂秧现象，促进漂秧率升高。

同理，CK 钵体可以减弱波纹对秧苗根部的洗刷强度，不易使秧苗根部脱离土壤，从而使 CK 漂秧率小于 CK1 漂秧率。

7.5.5　移栽深度

结合前期探索试验，确定水稻移栽农艺条件为：水层深度 2 cm，株距 14 cm，风力持续时间 4 h，风力 8 m/s，分析不同秧苗类型下移栽深度对漂秧率的影响，试验结果如图 7-12 所示。

由图 7-12 可知，CK 及 CK1 的漂秧率均随着移栽深度的增加而降低。在相同移栽农艺条件下，CK1 较 CK 随移栽深度的增加漂秧率降低程度大。

随着移栽深度的增加，土壤对秧苗根部着附力增加，在一定程度上减少漂秧现象的产生，从而促使漂秧率降低。

同理，CK 钵体能够增加与土壤的着附力，不易使秧苗根部脱离土壤，从而使 CK 漂秧率小于 CK1 漂秧率。

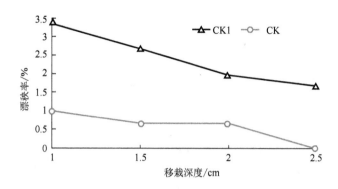

图 7-12　移栽深度对漂秧率的影响

7.5.6　影响因素交互作用分析

通过上述分析，各个因素对漂秧率影响趋势相同，曲线变化趋势相似，故可以认为因素间不存在交互作用，或者因素间交互作用可以忽略。

7.6　移栽作业参数优化

对于上述漂秧率影响因素，风力和风力持续时间归结于气候条件，属于不可控因素；水层深度、移栽深度和株距归类于移栽农艺条件，属于可控因素。

本章研究主旨是如何避免风力等不利气候条件对漂秧的影响，降低漂秧率，减少人工投入，能够进一步指导水稻移栽作业。即在一定风力及风力持续时间条件下，如何选择最佳移栽农艺条件，使漂秧率达到最小值。

为使漂秧率达到最小值，根据上述分析结果，通常做法是需要增大移栽密度、加大移栽深度和降低水层深度。

通过查阅前人最新研究结果，朱聪聪等（2014 年）及王成瑗等（2004 年）探索栽植密度对水稻产量及品质的影响，研究结果表明，降低种植密度，能够使单株生产力增强，提高成穗数、产量和品质。

由于我国大部分水稻秧苗机插作业行距均为 30 cm，降低种植密度，能够提高水稻产量和品质，但也使株距减小，使秧苗抵抗风力作用能力减弱，易产生漂秧现象，使漂秧率升高。在我国寒区由于在水稻移栽期地温较低，此时多采用浅栽方式，秧苗浅栽使其抵抗风力作用能力减弱。

总之，提高种植密度，使产量和品质降低，间接使水稻生产成本升高，与漂秧率升高同理。基于上述考虑，在分析优化移栽作业参数时增加产量这一考核指标，使其产量和漂秧率达到最佳融合点，即在降低漂秧率的同时也使产量达到最大值。

7.6.1　优化原则

（1）由于风力及风力持续时间均为不可控因素和具有非恒定性，但在一定时期内可以预测和预报。为此，在优化时，将风力及风力持续时间作为试验条件，不再视为影响因素。也就是说，分别将风力及风力持续时间局限于固定值，在此条件下寻求最佳移栽农艺要求，此农艺要求在降低漂秧率的同时也使产量达到最大值，从而使水稻生产成本降低。

（2）大量试验表明，风力对漂秧率影响较风力持续时间显著，为了便于研究，将风力持续时间固定在 6 h。

7.6.2　试验设计

结合单一因素对漂秧率试验结果进行多因素正交试验，分析不同风力条件下移栽农艺条件的显著性及最佳条件。试验采用正交表，重复 3 次，该正交表适合于 4 因素 3 水平试验设计。本试验只有 3 个因素，故需要增加空白列，试验因素及水平和试验方案分别如表 7-3 及表 7-4 所示。

表 7-3　正交试验因素及水平

水平	试验因素		
	A 水层深度/cm	B 株距/cm	C 移栽深度/cm
1	2	14	1.5
2	3	16	2.0
3	4	18	2.5

表 7-4　试验方案

试验号	A	空白列	B	C
1	1	1	1	1
2	1	2	2	2
3	1	3	3	3
4	2	1	2	3
5	2	2	3	1
6	2	3	1	2
7	3	1	3	2
8	3	2	1	3
9	3	3	2	1

7.6.3　优化考核方法

为了获得较低的生产投入，一方面需要较高的产量，另一方面需要降低漂秧率，降低人工投入，因此，优化考核需采用综合评价法。

对产量和漂秧率 2 个指标要求不同，即产量越高越有利，漂秧率越低越有利，因此，为了便于分析，采用权重综合值法，即对漂秧率取倒数，权重按照专家评定方法确定（表 7-5，产量占权重 72.3%，漂秧率权重占 27.7%），其中综合值=（漂秧率倒数/漂秧率倒数组中最大值）×27.7%+（产量/产量组中最大值）×72.3%（表 7-5）。

表 7-5　指标权重专家评定结果

指标	专家 A 评定值/%	专家 B 评定值/%	专家 C 评定值/%	平均值/%
产量	67	70	80	72.3
漂秧率	33	30	20	27.7

7.6.4　不同风力条件下移栽农艺优化

1. 风力 6 m/s

在风力 6 m/s 及风力持续时间 6 h 条件下，按照试验方案（表 7-4）进行试验，试验结果如表 7-6 所示。

表 7-6　风力 6 m/s 正交试验结果

试验号	水层深度 /cm	空白列	株距 /cm	移栽深度 /cm	产量/（kg/m）		漂秧率/%	
					CK1	CK	CK1	CK
1	2	（1）	14	1.5	1.32	1.54	4.27	1.22
2	2	（2）	16	2.0	1.12	1.48	1.99	1.10
3	2	（3）	18	2.5	1.03	1.43	1.83	1.12
4	3	（1）	16	2.5	1.06	1.45	3.03	1.00
5	3	（2）	18	1.5	1.03	1.42	4.12	1.20
6	3	（3）	14	2.0	1.01	1.55	2.73	1.12
7	4	（1）	18	2.0	1.00	1.44	5.07	1.14
8	4	（2）	14	2.5	0.93	1.55	3.21	1.20
9	4	（3）	16	1.5	1.27	1.50	2.01	1.02

由 CK1 正交试验极差分析（表 7-7）可知，对产量而言，影响因素主次顺序依次是：移栽深度、株距和水层深度；对漂秧率而言，影响因素主次顺序依次是：水层深度、株距和移栽深度；由 CK1 正交试验考核指标综合值分析（表 7-8）可

知，此时 CK1 移栽作业农艺最佳组合为：A1B1C1，即水层深度 2.0 cm，株距 14 cm，移栽深度 1.5 cm。

表 7-7　风力 6 m/s 正交试验极差分析（CK1）

项目		产量/（kg/m）				漂秧率/%			
		水层深度/cm	空白列	株距/cm	移栽深度/cm	水层深度/cm	空白列	株距/cm	移栽深度/cm
总和	K_1	3.47	3.38	3.26	3.62	5.83	10.11	7.95	10.40
	K_2	3.10	3.08	3.45	3.13	9.88	9.32	9.29	9.79
	K_3	3.20	3.31	3.06	3.02	12.55	8.83	11.02	8.07
均值	k_1	1.15	1.13	1.09	1.21	1.94	3.37	2.65	3.47
	k_2	1.03	1.03	1.15	1.04	3.29	3.11	3.09	3.26
	k_3	1.07	1.10	1.02	1.01	4.18	2.94	3.67	2.69
R_{MAX}		1.15	1.13	1.15	1.21	4.18	3.37	3.67	3.47
R_{MIN}		1.03	1.03	1.02	1.01	1.94	2.94	2.65	2.69
R		0.12	0.10	0.13	0.2	2.24	0.43	1.02	0.78

由 CK 正交试验极差分析（表 7-9）可知，对产量而言，影响因素主次顺序依次是：株距、水层深度和移栽深度；对漂秧率而言，影响因素主次顺序依次是：株距、移栽深度和水层深度；由 CK 正交试验考核指标综合值分析（表 7-8）可知，此时 CK 移栽作业农艺最佳组合为：A2B3C1，即水层深度 4.0 cm，株距 16 cm，移栽深度 1.5 cm。

表 7-8　考核指标综合值（风力 6 m/s）

CK1			CK		
产量/（kg/m）	漂秧率/%	综合值	产量/（kg/m）	漂秧率/%	综合值
1.32	2.01	0.96	1.54	1.22	0.95
1.12	1.99	0.72	1.48	1.10	0.94
1.03	1.83	0.66	1.43	1.12	0.91
1.06	3.03	0.75	1.45	1.00	0.95
1.03	4.12	0.79	1.42	1.20	0.89
1.01	2.73	0.70	1.55	1.12	0.96
1.00	5.07	0.82	1.44	1.14	0.91
0.93	3.21	0.68	1.55	1.20	0.95
1.27	4.27	0.81	1.50	1.12	0.97

表 7-9　风力 6 m/s 正交试验极差分析（CK）

项目		产量/（kg/m）				漂秧率/%			
		水层深度/cm	空白列	株距/cm	移栽深度/cm	水层深度/cm	空白列	株距/cm	移栽深度/cm
总和	K_1	4.45	4.43	4.64	4.46	3.44	3.36	3.54	3.54
	K_2	4.42	4.45	4.43	4.47	3.32	3.5	3.22	3.36
	K_3	4.49	4.48	4.29	4.43	3.46	3.36	3.46	3.32
均值	k_1	1.48	1.48	1.55	1.49	1.15	1.12	1.18	1.18
	k_2	1.47	1.48	1.48	1.49	1.11	1.17	1.07	1.12
	k_3	1.50	1.49	1.43	1.48	1.15	1.12	1.15	1.11
R_{MAX}		1.50	1.49	1.55	1.49	1.15	1.17	1.18	1.18
R_{MIN}		1.47	1.48	1.43	1.48	1.11	1.12	1.07	1.11
R		0.03	0.01	0.12	0.01	0.04	0.05	0.11	0.07

2. 风力 8 m/s

由 CK1 正交试验结果（表 7-10）和极差分析（表 7-11）可知，对产量而言，由于在移栽前风力变化对产量影响极小，可忽略不计；对漂秧率而言，影响因素主次顺序依次是：水层深度、移栽深度和株距；由 CK1 正交试验考核指标综合值分析（表 7-12）可知，此时，CK1 移栽作业农艺最佳组合为：A3B1C3，即水层深度 4 cm，株距 14 cm，移栽深度 2.5 cm。

表 7-10　风力 8 m/s 正交试验结果

试验号	水层深度/cm	空白列	株距/cm	移栽深度/cm	产量/（kg/m）		漂秧率/%	
					CK1	CK	CK1	CK
1	2	（1）	14	1.5	1.32	1.54	3.12	1.76
2	2	（2）	16	2.0	1.12	1.48	2.97	1.51
3	2	（3）	18	2.5	1.03	1.43	2.68	1.50
4	3	（1）	16	2.5	1.06	1.45	2.82	1.67
5	3	（2）	18	1.5	1.03	1.42	4.23	1.87
6	3	（3）	14	2.0	1.01	1.55	3.97	1.62
7	4	（1）	18	2.0	1.00	1.44	4.20	2.15
8	4	（2）	14	2.5	0.93	1.55	4.11	2.04
9	4	（3）	16	1.5	1.27	1.50	4.30	2.65

表 7-11　风力 8 m/s 正交试验极差分析（CK1）

项目		产量/（kg/m）				漂秧率/%			
		水层深度/cm	空白列	株距/cm	移栽深度/cm	水层深度/cm	空白列	株距/cm	移栽深度/cm
总和	K_1	3.47	3.38	3.26	3.62	8.77	10.14	11.20	11.65
	K_2	3.10	3.08	3.45	3.13	11.02	11.31	10.09	11.14
	K_3	3.20	3.31	3.06	3.02	12.61	10.95	11.11	9.61
均值	k_1	1.15	1.13	1.09	1.21	2.92	3.38	3.73	3.88
	k_2	1.03	1.03	1.15	1.04	3.67	3.77	3.36	3.71
	k_3	1.07	1.10	1.02	1.01	4.20	3.65	3.70	3.20
R_{MAX}		1.15	1.13	1.15	1.21	4.20	3.77	3.73	3.88
R_{MIN}		1.03	1.03	1.02	1.01	2.92	3.38	3.36	3.20
R		0.12	0.10	0.13	0.20	1.28	0.39	0.37	0.68

表 7-12　考核指标综合值（风力 8 m/s）

	CK1			CK		
产量/（kg/m）	漂秧率/%	综合值	产量/（kg/m）	漂秧率/%	综合值	
1.32	3.12	0.96	1.54	1.76	0.95	
1.12	2.97	0.86	1.48	1.51	0.97	
1.03	2.68	0.84	1.43	1.50	0.94	
1.06	2.82	0.84	1.45	1.67	0.93	
1.03	4.23	0.74	1.42	1.87	0.88	
1.01	3.97	0.74	1.55	1.62	0.98	
1.00	4.20	0.72	1.44	2.15	0.86	
0.93	4.11	0.69	1.55	2.04	0.93	
1.27	4.30	0.87	1.50	2.65	0.86	

由 CK1 正交试验极差分析（表 7-13）可知，对产量而言，由于在移栽前风力变化对产量影响极小，可忽略不计；对漂秧率而言，影响漂秧率的因素主次顺序依次是：水层深度、移栽深度和株距；由 CK 正交试验考核指标综合值分析（表 7-13）可知，此时 CK 移栽作业农艺最佳组合为：A3B2C1，即水层深度 4 cm，株距 16 cm，移栽深度 1.5 cm。

表 7-13　风力 8 m/s 正交试验极差分析（CK）

项目		产量/（kg/m）				漂秧率/%			
		水层深度/cm	空白列	株距/cm	移栽深度/cm	水层深度/cm	空白列/cm	株距/cm	移栽深度/cm
总和	K_1	4.45	4.43	4.64	4.46	4.77	5.58	5.42	6.28
	K_2	4.42	4.45	4.43	4.47	5.16	5.42	5.83	5.28
	K_3	4.49	4.48	4.29	4.43	6.84	5.77	5.52	5.21
均值	k_1	1.48	1.48	1.55	1.49	1.59	1.86	1.81	2.09
	k_2	1.47	1.48	1.48	1.49	1.72	1.81	1.94	1.76
	k_3	1.50	1.49	1.43	1.48	2.28	1.92	1.84	1.74
R_{MAX}		1.50	1.49	1.55	1.49	2.28	1.92	1.94	2.09
R_{MIN}		1.47	1.48	1.43	1.48	1.59	1.81	1.81	1.74
R		0.03	0.01	0.12	0.01	0.69	0.11	0.13	0.35

3. 风力 10 m/s

在风力 10 m/s 及风力持续时间 6 h 条件下，按照试验方案（表 7-4）进行试验，试验结果如表 7-14 所示。

表 7-14　风力 10 m/s 正交试验结果

试验号	水层深度/cm	空白列	株距/cm	移栽深度/cm	产量/（kg/m）		漂秧率/%	
					CK1	CK	CK1	CK
1	2	（1）	14	1.5	1.32	1.54	5.7	1.89
2	2	（2）	16	2.0	1.12	1.48	3.99	1.63
3	2	（3）	18	2.5	1.03	1.43	3.57	1.54
4	3	（1）	16	2.5	1.06	1.45	2.9	1.90
5	3	（2）	18	1.5	1.03	1.42	4.29	2.27
6	3	（3）	14	2.0	1.01	1.55	4.01	2.02
7	4	（1）	18	2.0	1.00	1.44	4.35	2.27
8	4	（2）	14	2.5	0.93	1.55	4.28	2.23
9	4	（3）	16	1.5	1.27	1.50	4.56	2.72

由 CK1 正交试验极差分析（表 7-15）可知，对产量而言，由于在移栽前风力变化对产量影响极小，可忽略不计；对漂秧率而言，影响因素主次顺序依次是：

移栽深度、株距和水层深度；由 CK1 正交试验考核指标综合值分析（表 7-16）可知，此时 CK1 移栽作业农艺最佳组合为：A2B2C3，即水层深度 3.0 cm，株距 16 cm，移栽深度 2.5 cm。同理，由 CK 正交试验极差分析（表 7-17）可知，对漂秧率而言，影响因素主次顺序依次是：水层深度、移栽深度和株距；由 CK 正交试验考核指标综合值分析（表 7-17）可知，此时 CK 移栽作业农艺最佳组合为：A1B2C2，即水层深度 2.0 cm，株距 16 cm，移栽深度 2.0 cm。

表 7-15　风力 10 m/s 正交试验极差分析（CK1）

项目		产量/（kg/m）				漂秧率/%			
		水层深度/cm	空白列	株距/cm	移栽深度/cm	水层深度/cm	空白列	株距/cm	移栽深度/cm
总和	K_1	3.47	3.38	3.26	3.62	13.26	12.95	13.99	14.56
	K_2	3.10	3.08	3.45	3.13	11.20	12.56	11.45	12.35
	K_3	3.20	3.31	3.06	3.02	13.19	12.14	12.21	10.75
均值	k_1	1.15	1.13	1.09	1.21	4.42	4.32	4.66	4.85
	k_2	1.03	1.03	1.15	1.04	3.73	4.19	3.82	4.12
	k_3	1.07	1.10	1.02	1.01	4.39	4.05	4.07	3.58
R_{MAX}		1.15	1.13	1.15	1.21	4.42	4.32	4.66	4.85
R_{MIN}		1.03	1.03	1.02	1.01	3.73	4.05	3.82	3.58
R		0.12	0.10	0.13	0.20	0.69	0.27	0.84	1.27

表 7-16　考核指标综合值（风力 10 m/s）

CK1			CK		
产量/（kg/m）	漂秧率/%	综合值	产量/（kg/m）	漂秧率/%	综合值
1.32	3.27	0.89	1.54	1.89	0.94
1.12	2.99	0.86	1.48	1.63	0.95
1.03	2.57	0.84	1.43	1.54	0.94
1.06	2.90	0.92	1.45	1.90	0.90
1.03	4.29	0.79	1.42	2.27	0.85
1.01	4.01	0.79	1.55	2.02	0.93
1.00	4.35	0.77	1.44	2.27	0.86
0.93	4.28	0.74	1.55	2.23	0.91
1.27	4.36	0.91	1.50	2.72	0.86

表 7-17　风力 10 m/s 正交试验极差分析（CK）

项目		产量/（kg/m)				漂秧率/%			
		水层深度/cm	空白列	株距/cm	移栽深度/cm	水层深度/cm	空白列	株距/cm	移栽深度/cm
总和	K_1	4.45	4.43	4.64	4.46	5.06	6.06	6.14	6.88
	K_2	4.42	4.45	4.43	4.47	6.19	6.13	6.25	5.92
	K_3	4.49	4.48	4.29	4.43	7.22	6.28	6.08	5.67
均值	k_1	1.48	1.48	1.55	1.49	1.69	2.02	2.05	2.29
	k_2	1.47	1.48	1.48	1.49	2.06	2.04	2.08	1.97
	k_3	1.50	1.49	1.43	1.48	2.41	2.09	2.03	1.89
R_{MAX}		1.50	1.49	1.55	1.49	2.41	2.09	2.08	2.29
R_{MIN}		1.47	1.48	1.43	1.48	1.69	2.02	2.03	1.97
R		0.03	0.01	0.12	0.01	0.72	0.07	0.05	0.32

4. 风力 12 m/s

在风力 12 m/s 及风力持续时间 6 h 条件下，按照试验方案（表 7-4）进行试验，试验结果如表 7-18 所示。

表 7-18　风力 12 m/s 正交试验结果

试验号	水层深度/cm	空白列	株距/cm	移栽深度/cm	产量/（kg/m)		漂秧率/%	
					CK1	CK	CK1	CK
1	2	（1）	14	1.5	1.32	1.54	5.72	2.11
2	2	（2）	16	2.0	1.12	1.48	3.22	1.70
3	2	（3）	18	2.5	1.03	1.43	2.34	1.60
4	3	（1）	16	2.5	1.06	1.45	3.10	2.09
5	3	（2）	18	1.5	1.03	1.42	4.32	2.80
6	3	（3）	14	2.0	1.01	1.55	3.86	2.53
7	4	（1）	18	2.0	1.00	1.44	4.40	3.23
8	4	（2）	14	2.5	0.93	1.55	4.31	2.85
9	4	（3）	16	1.5	1.27	1.50	4.52	3.52

由 CK1 正交试验极差分析（表 7-19）可知，对产量而言，由于在移栽前风力变化对产量影响极小，可忽略不计；对漂秧率而言，影响漂秧率的因素主次顺序依次是：移栽深度、株距和水层深度；由 CK1 正交试验考核指标综合值分析（表 7-21）可知，此时 CK1 移栽作业农艺最佳组合为：$A_1B_3C_3$，即水层深度 2 cm，株距 18 cm，移栽深度 2.5 cm。

表 7-19　风力 12 m/s 正交试验极差分析（CK1）

项目		产量/（kg/m）				漂秧率/%			
		水层深度/cm	空白列	株距/cm	移栽深度/cm	水层深度/cm	空白列	株距/cm	移栽深度/cm
总和	K_1	3.47	3.38	3.26	3.62	11.28	13.22	13.89	14.56
	K_2	3.10	3.08	3.45	3.13	11.28	11.85	10.84	11.48
	K_3	3.20	3.31	3.06	3.02	13.23	10.72	11.06	9.75
均值	k_1	1.15	1.13	1.09	1.21	3.76	4.41	4.63	4.85
	k_2	1.03	1.03	1.15	1.04	3.76	3.95	3.61	3.83
	k_3	1.07	1.10	1.02	1.01	4.41	3.57	3.69	3.25
R_{MAX}		1.15	1.13	1.15	1.21	4.41	4.41	4.63	4.85
R_{MIN}		1.03	1.03	1.02	1.01	3.76	3.57	3.61	3.25
R		0.12	0.10	0.13	0.20	0.65	0.84	1.02	1.60

同理，由 CK 正交试验极差分析（表 7-21）可知，对漂秧率而言，影响漂秧率的因素主次顺序依次是：水层深度、移栽深度和株距；由 CK 正交试验考核指标综合值分析（表 7-20）可知，此时 CK 移栽作业农艺最佳组合为：$A_1B_2C_2$，即水层深度 2 cm，株距 16 cm，移栽深度 2.0 cm。

表 7-20　考核指标综合值（风力 12 m/s）

CK1			CK		
产量/（kg/m）	漂秧率/%	综合值	产量/（kg/m）	漂秧率/%	综合值
1.32	5.72	0.83	1.54	2.11	0.93
1.12	3.22	0.81	1.48	1.70	0.95
1.03	2.34	0.84	1.43	1.60	0.94
1.06	3.10	0.79	1.45	2.09	0.89
1.03	4.32	0.71	1.42	2.80	0.82
1.01	3.86	0.72	1.55	2.53	0.90
1.00	4.40	0.69	1.44	3.23	0.81
0.93	4.31	0.66	1.55	2.85	0.88
1.27	4.52	0.83	1.50	3.52	0.83

表 7-21　风力 12 m/s 正交试验极差分析（CK）

项目		产量/（kg/m）				漂秧率/%			
		水层深度/cm	空白列	株距/cm	移栽深度/cm	水层深度/cm	空白列	株距/cm	移栽深度/cm
总和	K_1	4.45	4.43	4.64	4.46	5.41	7.43	7.49	8.43
	K_2	4.42	4.45	4.43	4.47	7.42	7.35	7.31	7.46
	K_3	4.49	4.48	4.29	4.43	9.60	7.65	7.63	6.54
均值	k_1	1.48	1.48	1.55	1.49	1.80	2.48	2.50	2.81
	k_2	1.47	1.48	1.48	1.49	2.47	2.45	2.44	2.49
	k_3	1.50	1.49	1.43	1.48	3.20	2.55	2.54	2.18
R_{MAX}		1.50	1.49	1.55	1.49	3.20	2.55	2.54	2.81
R_{MIN}		1.47	1.48	1.43	1.48	1.80	2.45	2.44	2.18
R		0.03	0.01	0.12	0.01	1.40	0.10	0.10	0.63

7.7　讨　　论

通过对带钵移栽秧盘（CK）与平育秧盘（CK1）所培育的秧苗漂秧率影响因素分析，由表 7-22 可知，在不同影响因素作用下，CK1 漂秧率均高于 CK，漂秧率最大差值达到 2.33%。从漂秧率角度考虑，CK 较 CK1 更适应风力胁迫对漂秧率的影响，主要是由于一方面 CK 钵体结构能够增加重力，另一方面 CK 钵体结构四周与土壤接触面积增大，使其与土壤着附力增大。通过不同移栽深度 CK 与CK1 秧苗拔出试验（表 7-23）证实了上述结论。

表 7-22　不同影响因素下漂秧率差异

影响因素	CK1 漂秧率与 CK 的最大差值/%
风力持续时间/h	1.33
风力/（m/s）	1.67
水层深度/cm	1.00
株距/cm	0.67
移栽深度/cm	2.33

表 7-23　不同移栽深度下的拔出力

移栽深度/cm	拔出力/N	
	CK1	CK
1.0	0.13	1.86
1.5	0.19	3.01
2.0	0.21	4.15
2.5	0.30	6.16

7.8　小　结

通过实验室与田间试验相结合的方法，探讨风力胁迫对漂秧率和产量的影响，得到以下结论：

（1）带钵移栽秧盘秧苗和常规秧苗的漂秧率，均随着风力持续时间的增加而升高；均随着风力递增而升高，随着水层深度增加而升高，均随着株距加大而升高，均随着移栽深度增加而降低。

（2）利用权重综合值分析法得到不同风力条件下最佳移栽农艺要求：在风力 6 m/s 时，常规育秧载体移栽作业农艺最佳组合为水层深度 2.0 cm，株距 14 cm，移栽深度 1.5 cm；带钵移栽秧盘移栽作业农艺最佳组合为水层深度 4.0 cm，株距 16 cm，移栽深度 1.5 cm。在风力 8 m/s 时，常规育秧载体移栽作业农艺最佳组合为水层深度 4 cm，株距 14 cm，移栽深度 2.5 cm；带钵移栽秧盘移栽作业农艺最佳组合为水层深度 4 cm，株距 16 cm，移栽深度 1.5 cm。在风力 10 m/s 时，常规育秧载体移栽作业农艺最佳组合水层深度 3.0 cm，株距 16 cm，移栽深度 2.5 cm；带钵移栽秧盘移栽作业农艺最佳组合为水层深度 2.0 cm，株距 16 cm，移栽深度 2.0 cm。在风力 12 m/s 时，常规育秧载体移栽作业农艺最佳组合为水层深度 2 cm，株距 18 cm，移栽深度 2.5 cm；带钵移栽秧盘移栽作业农艺最佳组合为水层深度 2 cm，株距 16 cm，移栽深度 2.0 cm。

第8章 带钵移栽秧盘模式对水稻生产综合效益影响分析

提高综合效益是农业生产的永恒主题。对带钵移栽秧盘及其栽培模式也不例外。综合效益包括经济效益、社会效益和生态效益。经济效益是指对秧苗素质、产量和品质的影响,生态效益是指对土壤性质的影响(主要是指土壤容重的变化),社会效益是指带钵移栽秧盘及其栽培模式对社会的影响。

本章通过利用我国寒区目前常规本田管理方法,以日本钵育和常规栽培模式为比较对象,探讨带钵移栽秧盘及其栽培模式对水稻生产田间综合效益的影响。

研究结果对拓展带钵移栽秧盘及其栽培模式推广空间具有重要意义。

8.1 材料与方法

8.1.1 试验材料

试验于 2009~2013 年在黑龙江省农垦总局牡丹江分局云山农场水稻示范基地进行;供试品种为垦鉴稻 6;试验田试验前土壤营养成分如表 8-1 所示。

表 8-1 试验田土壤营养成分

成分	有机质/(g/kg)	速效氮/(g/kg)	速效磷/(g/kg)	速效钾/(g/kg)	pH
数值	26.23	110.42	29.4	137.30	6.09

试验用水稻育秧载体为常规平育秧盘、日本塑料钵盘和带钵移栽秧盘等 3 种,常规平育秧盘和日本塑料钵盘为市售产品,带钵移栽秧盘由黑龙江八一农垦大学水稻钵育栽培技术研究中心提供。育秧大棚(6 m×60 m)1 栋,其他水稻生产必需材料若干。

8.1.2 试验设计及方法

试验采取常规平育秧盘(CK1)、日本塑料钵盘(CK2)和带钵移栽秧盘(CK)3 个育秧载体处理,每个处理重复 3 次,数据处理采用平均值;育秧期试验在同一塑料大棚进行,每一试验处理试验面积 10 m^2,田间试验采用小区试验,每个小区 20 m^2。

育秧期与田间试验各种处理水肥处理一致,与目前我国寒区水稻生产管理方法一致。

即每年 3 月初扣棚，4 月初进行水稻播种育秧及整地作业，5 月中下旬进行水稻移栽作业（5 月底必须完成，否则会影响水稻产量），6～9 月本田管理，10 月进行水稻收获。

8.1.3　测试项目

每年 5 月下旬（移栽前）及 9 月底（收获前）分别选取 10 株长势一致的水稻秧苗，采用常规方法对水稻秧苗株高、叶龄、分蘖、根数、根长、茎基宽、充实度、鲜重、干重、品质及产量等进行调查，取平均值；采用问卷调查的方法分析不同育秧载体及栽培模式对水稻生产投入产出的影响；采用环刀分层取土法在每年 11 月（收获后）测试不同土层容重及有机质含量等。

8.1.4　测试仪器

FOSS 谷物品质快速测试仪（美国福斯公司生产）1 台，直尺 1 把，环刀（100 mm^3）若干，其他测试工具若干。

8.2　结果与分析

8.2.1　经济效益

1. 秧苗素质

从表 8-2 中可以看出，CK 秧苗素质整体差异均优于 CK2 和 CK1。CK 株高较 CK1 高 1.08 cm、较 CK2 高 1.35 cm；CK 叶龄较 CK1 平均增加 0.2 叶，较 CK2 增加 0.4 叶；CK 最佳性状是平均每株带有 0.37 个分蘖数，根长较 CK1 长 0.48 cm，较 CK2 长 0.62 cm；CK 茎基宽较 CK1 增加 0.2 cm，较 CK2 增加 1.17 cm；CK 充实度较 CK1 增加 0.07g/cm，较 CK2 增加 0.09 g/cm；CK 地上和地下鲜重较 CK1 分别高 1.13 g 和 0.91 g，较 CK2 分别高 4.02 g 和 4.34 g。

表 8-2　秧苗素质调查表

技术类型	生育期							收获期			
	株高/cm	叶龄/叶	平均分蘖/个	平均根数/个	平均根长/cm	茎基宽/cm	充实度/（g/cm）	鲜重/g		干重/g	
								地上	地下	地上	地下
CK	15.20	4.3	0.37	19.2	4.60	3.52	0.36	19.78	14.12	5.51	3.14
CK1	14.12	4.1	0	18.2	4.12	3.32	0.29	18.65	13.21	4.12	3.01
CK2	13.85	3.9	0	9.2	3.98	2.35	0.27	15.76	9.78	3.79	2.45

这主要是由于 CK 制作材料中均含有适于水稻秧苗生长的缓释剂，能够有效促进水稻的生长发育和干物质积累。

2. 生产投入

生产投入主要包括育秧载体、播种机、栽植机、种子、人工以及机具折旧等投入。由表 8-3 可知，CK 投入与 CK1 比较，CK1 投入明显高于 CK 投入，这主要是由于一方面 CK1 目前市场价格为 17 元/个（600 个/hm²），在正常情况下使用 3 年左右，CK 市场价格为 0.11 元/个（2 400 个/hm²），一次性使用，另一方面 CK1 需要专属移栽机，其投入高于常用插秧机（含改进）投入；与 CK2 比较，CK 投入提高，这主要是由于 CK1 所用的平育秧盘市场价格为 0.09 元/个（600 个/hm²），可以多年使用，另一方面 CK2 人工或者半自动方式进行播种作业，CK 采用精量播种方式，需要专门的精量播种装置进行播种作业，投入有所增加；但由于 CK 采用精量播种，其播种量少，种子节约 120 元/hm²，另外稻草回收制作水稻带钵移栽秧盘收入可达 750 元/hm²，从而使 CK 投入减少。不同类型栽培方式其投入逐年增加，此与物价及人工费攀升紧密有关。

表 8-3　水稻生产投入

技术类型	生产投入/（元/hm²）				
	2009 年	2010 年	2011 年	2012 年	2013 年
CK	6 286.8	6 356.7	6 446.9	6 578.6	6 645.2
CK1	5 884.8	5 944.3	6 159.9	6 285.6	6 480.3
CK2	8 728.1	8 906.2	9 060.2	9 245.1	9 405.3

3. 稻米品质

稻米品质分析结果如表 8-4 所示。

表 8-4　稻米品质

技术类型	蛋白质/%	必需氨基酸/%	重要呈味氨基酸/%	总氨酸/%	淀粉/%
CK	8.71	4.11	5.03	11.62	64.3
CK1	8.32	3.52	4.46	10.30	62.6
CK2	8.33	3.61	4.52	10.34	63.1

由表 8-4 可知，CK 蛋白质含量为 8.71%，较 CK1 和 CK2 分别提高 0.39% 和 0.38%，表明 CK 栽培模式有利于水稻地上干物质积累、运转分配和积累。CK 必需氨基酸含量 4.11%，较 CK1 和 CK2 分别提高 0.59% 和 0.50%；CK 重要呈味氨

基酸含量 5.03%,较 CK1 和 CK2 分别提高 0.57%和 0.51%;CK 总氨酸含量 11.62%,较 CK1 和 CK2 分别提高 1.32%和 1.28%;CK 淀粉含量 64.3%,较 CK1 和 CK2 分别提高 1.7%和 1.2%;以上表明,CK 栽培模式不但能够提高水稻单产水平,而且能够有效改善稻米品质。

4. 产量

由表 8-5 可知,CK 产量较 CK1 产量提高最高达 10.59%,较 CK2 产量提高最高达 13.54%,这主要是由于一方面 CK 带蘖移栽,苗壮密植有利于提高水稻产量;另一方面 CK 有利于提高地温和增强土壤空气流动,促进根系生长,有利于促进水稻增产。

表 8-5 产量调查

技术类型	实际产量/（kg/hm）				
	2009 年	2010 年	2011 年	2012 年	2013 年
CK	8 157.16	8 323.63	8 950.14	9 323.06	10 245.12
CK1	8 026.43	8 190.23	8 443.54	8 615.86	9 264.36
CK2	7 702.66	8 023.59	8 445.89	8 680.26	9 023.14

8.2.2 生态效益

1. 土壤有机质

土壤有机质形成较慢,因此选同一块田地 5 年作业前后比较有机质含量变化。由表 8-6 可知,0～10 cm 土壤有机质含量 CK 较 CK1 提高 2.73%,较 CK1 提高 3.34%;10～20 cm 土壤有机质含量 CK 较 CK1 提高 7.06%,较 CK2 提高 2.82%;20～30 cm 土壤有机质含量 CK 较 CK1 提高 0.05%,较 CK2 提高 0.01%。主要是由于 CK 钵体随秧苗一起移栽大田,实现秸秆间接还田,在土壤微生物和环境作用下,如图 8-1 所示,释放有机物质,能够提高有机质含量。

表 8-6 土壤有机质含量

土层深度/cm	土壤有机质含量/（g/kg）			
	5 年前	5 年后		
		CK	CK1	CK2
0～10	27.76	31.23	29.17	28.37
10～20	26.98	29.70	28.91	28.74
20～30	26.33	27.33	27.20	27.30

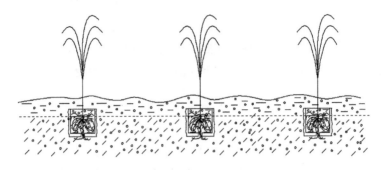

图 8-1　带钵移栽秧盘有机质缓释

2. 土壤容重

为明确对土壤容重的影响，在每年秋季（11 月份）水稻收获后采集 0～10 cm、10～20 cm 和 20～30 cm 土层进行容重比较，5 年连续观察结果（表 8-7）表明，CK 较 CK1 及 CK2，CK 使土壤容重减小，这主要是由于 CK 实现带钵移栽和秸秆还田，能够有效改善土壤团粒结构，如图 8-2 所示，增强土壤透气性，从而使土壤容重减小。

表 8-7　土壤容重

| 年份 | 土层容重/（g/cm） | | | | | | | | |
| | 0～10 cm | | | 10～20 cm | | | 20～30 cm | | |
	CK	CK1	CK2	CK	CK1	CK2	CK	CK1	CK2
2009	0.94	1.09	1.05	1.07	1.12	1.16	1.13	1.20	1.21
2010	0.96	1.09	1.07	1.05	1.15	1.17	1.13	1.21	1.21
2011	1.01	1.07	1.04	1.03	1.14	1.15	1.12	1.20	1.20
2012	0.97	1.08	1.06	1.06	1.11	1.16	1.11	1.20	1.22
2013	0.94	1.08	1.04	1.04	1.09	1.16	1.14	1.19	1,20

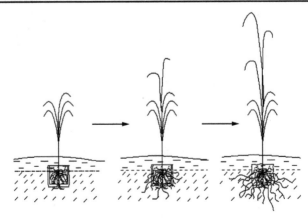

图 8-2　新型钵育载体钵体变化过程

8.2.3 社会效益

带钵移栽秧盘及其栽培模式作为一项新型水稻钵育栽培技术，将对突破我国水稻生产瓶颈，有力促进水稻生产和水稻管理的方式改革，大幅降低对日本等国水稻钵育栽培技术的依赖程度，提升我国在国际水稻生产的影响力和竞争力，服务带动相关行业共同发展，产生良好的社会效益。

8.3　小　　结

通过田间试验和大棚室内试验，探讨水稻带钵移栽秧盘对水稻生产综合效益影响分析，得到以下结论：

（1）带钵移栽秧盘的秧苗素质均优于日本塑料钵盘和平育秧盘所培育出的秧苗素质。

（2）以带钵移栽秧盘为育秧载体其生产投入小于以日本塑料钵育秧盘为育秧载体的生产投入，但高于平育秧盘为育秧载体的生产投入。

（3）以带钵移栽秧盘为育秧载体有利于水稻地上干物质积累、运转分配和积累，而且能够有效改善稻米品质。

（4）以带钵移栽秧盘为育秧载体的产量持平，与日本塑料钵盘和平育盘比较，产量分别提高 10.59%和 13.54%。

（5）与日本塑料钵盘和平育盘比较，在相同土层，带钵移栽秧盘均促使土壤容重减小。

（6）在 0～10 cm、10～20 cm 和 20～30 cm 土层，以带钵移栽秧盘为育秧载体的土壤有机质含量较以日本塑料钵盘和平育秧盘为育秧载体的土壤有机质含量分别提高 2.73%、3.34%，7.06%、2.82%和 0.05%、0.01%。

第9章 结论与建议

9.1 主 要 结 论

本书在我国寒区水稻生产过程存在的问题和对国内外研究现状分析的基础上,在我国寒区进行探讨带钵移栽秧盘设计方法、对寒区环境的适应性以及对寒区水稻生产综合效益影响等进行试验研究。

1) 明确了带钵移栽秧盘结构设计方法,使结构强度得到明显提高

通过力学和育秧相关试验,探讨带钵移栽秧盘总体结构设计方法,确定带钵移栽秧盘关键尺寸为:横向尺寸 277 mm,单行钵孔总数为 18 穴,最小钵孔横截面积 1.14 cm^2,钵孔深度 20 mm,钵孔截面为方形,纵向第 1 行和最后 1 行外侧立边厚度立边厚度修正为 2.2 mm,其余部位立边 4.4 mm 和纵向尺寸为 105.7 mm;通气孔孔径为 2 mm。带钵移栽秧盘正应力 σ_{max} 较早期育秧载体提高 15.09%。

2) 开发出了带钵移栽秧盘连续生产系统和工艺,并确定最佳工艺参数

利用成型模具圆周运动快速成型原理,设计开发出带钵移栽秧盘连续生产系统,确定其关键部件参数;利用权重优化分析法得出最佳工艺参数为:成型辊旋转线速度 2.5 m/min,稻草含量 65%,混料厚度 5 cm 和退盘条位置 4 mm,此时钵孔率为(99.4±0.14)%,抗膨胀系数(99.0±0.01)%,能够满足移栽作业要求。

3) 带钵移栽秧盘秧苗能够减小水分胁迫的影响,提高水分利用效率

通过 2 年盆栽试验,在充分灌溉条件下,平育秧盘和带钵移栽秧盘 2 种栽培模式在水稻生育期内需水特性及规律相同,带钵移栽秧盘栽培模式整体上需水量较小;不同水分处理对平育秧盘栽培模式下水稻生长发育影响较大,对带钵移栽秧盘栽培模式影响较小。

在充分灌溉条件下,带钵移栽秧盘栽培模式较平育秧盘栽培模式能提高水分利用效率,较平育秧盘栽培模式,2013～2014 年分别提高 13.87%和 18.71%。在生育期阶段受旱处理,在同一阶段,带钵移栽秧盘栽培模式水分利用效率均高于平育秧盘栽培模式水分利用效率。

带钵移栽秧盘栽培模式 2013～2014 年水分敏感指数分别为:0.067 5、0.205 2、0.267 4 及 0.202 1 和 0.041 7、0.232 8、0.300 3 及 0.136 9;平育秧盘栽培模式 2013～2014 年水分敏感指数分别为:0.074 0、0.195 1、0.270 7 及 0.191 9 和 0.010 1、0.158 9、0.271 4 及 0.117 3。

平育秧盘和带钵移栽秧盘 2 种栽培模式对水分主要生育阶段的水分敏感性相同，由大到小依次是：抽穗开花期＞拔节孕穗期＞灌浆乳熟期＞分蘖期。

4）带钵移栽秧盘秧苗能够减缓温度胁迫影响，提高出苗率和成苗率

通过温室温度调控试验，在育秧期低温胁迫，带钵移栽秧盘较平育秧盘，在 4℃、2℃、0℃和-2℃条件下，出苗率分别提高 3.1%、4.1%、7.9%和 17.6%；在低温周期为 8 h、12 h、16 h 和 20 h 条件下，出苗率分别提高 3.4%、3.7%、5.1%和 15.1%。

在叶枕抽出期、离乳期和四叶长出期高温胁迫，带钵移栽秧盘较平育秧盘，成苗率分别提高 26%、23.3%和 16.4%。

5）带钵移栽秧盘秧苗能够降低漂秧率

以低速风洞为媒介，采用权重优化分析方法，得出相同优化条件下漂秧率差异：

在风力 6 m/s 时，漂秧率降低 3.05%；在风力 8 m/s 时，漂秧率降低 2.35%；在风力 10 m/s. 时，漂秧率降低 1.36%；在风力 12 m/s 时，漂秧率降低 1.52%。

6）带钵移栽秧盘栽培模式能够提升水稻生产综合效益

较平育秧盘栽培模式和日本水稻钵育栽培模式，带钵移栽秧盘栽培模式株高、叶龄、分蘖数、根长、茎基宽、充实度、地上鲜重、地下鲜重、地上干重和地下干重分别提高 1.08 cm、1.35 cm，0.2 叶、0.4 叶，0.37 个、0 个，0.48 cm、0.62 cm，0.2 cm、1.17 cm，0.07 g/cm、0.07 g/cm，1.13 g、4.02 g，0.91 g、4.34 g，1.39 g、1.72 g，0.13 g、0.69 g；平均生产投入分别降低 311.86 元、2 606.14 元；蛋白质含量、必需氨基酸、重要呈味氨基酸、总氨基酸和淀粉分别提高 0.39%、0.38%，0.59%、0.50%，0.57%、0.51%，1.32%、1.28%，1.7%、1.2%；产量分别提高 10.59%和 13.54%；在 0～10 cm、10～20 cm 和 20～30 cm 土层，土壤容重分别降低 0.59 g/cm、0.44 g/cm³，0.36 g/cm³、0.55 g/cm³，0.37 g/cm³、0.21 g/cm³；土壤有机质含量分别提高 2.73%、3.34%，7.06%、2.82%和 0.05%、0.01%。

9.2　主要创新点

（1）通过育秧试验确定了带钵移栽秧盘结构及设计方法。

（2）提出了新型育秧载体冷压生产工艺。

（3）通过田间试验，揭示出新型育秧载体可缩短水稻缓苗时间。

（4）采用低速风洞作为媒介，初步探索了风害对移栽后秧苗漂秧的影响，并优化移栽农艺条件。

9.3　有待进一步研究的主要问题

"适于寒区气候的新型水稻育秧载体结构实现及其水稻生产影响"涉及机械设计、气象、植物生理和土壤物理特性等多个学科知识交叉，涉及内容繁杂，需要长期试验和观察，而本次大部分试验持续时间为 2 年（部分试验为 5 年），再加上一些研究的手段和方法尚不具备，需要进一步探讨，建议今后从以下方面做进一步的研究：

（1）目前就环境胁迫对带钵移栽秧盘秧苗的影响，本书采用单一环境胁迫，对多环境因子耦合对带钵移栽秧盘秧苗影响方面的研究缺乏，需进一步研究。

（2）在带钵移栽秧盘秧苗适应风力胁迫研究方面，一些理论研究尚需深入，诸如如何确定风力作用下秧苗受力面积的动态变化和获取，对进一步探讨带钵移栽秧盘秧苗漂秧形式和发生至关重要。

主要参考文献

柏彦超，倪梅娟，王娟娟，等，2007．水分胁迫对旱作水稻产量与养分吸收的影响[J]．农业工程学报，23（6）：
　　101-105

鲍正发，段智英，赵海军，等，2004．空间诱变引起水稻9311的品质变异[J]．核农学报，18（4）：272-275

蔡一霞，王维，朱智伟，等，2006．结实期水分胁迫对不同氮肥水平下水稻产量及其品质的影响[J]．应用生态学
　　报，17（7）：1201-1206

曹宝顺，张春立，2013．浅谈风对农业生产的影响[J]．民营科技，（2）：106-106

陈冠文，刘齐锋，1997．风害对棉株的影响与救灾对策[J]．中国棉花，24（1）：28-29

陈家宙，陈明亮，何圆球，2000．不同水分状况下红壤水稻的水量平衡和生产能力[J]．华中农业大学学报，19（6）：
　　554-558

陈琨，秦鱼生，喻华，等，2012．不同耕作方式和施肥处理对冬水田土温、水稻生长和产量的影响[J]．西南农业
　　学报，25（5）：1738-1741

陈文万，邓丽霞，黎洛丝，等，2013．重要气象灾害对龙川农业影响的研究[J]．广东科技，（8）：211-212．

陈晓远，罗远培，石元春，等，1998．作物对水分胁迫的反应[J]．生态农业研究，6（4）：12-15

程方民，钟连进，孙宗修，2003．灌浆结实期温度对早籼水稻籽粒淀粉合成代谢的影响[J]．中国农业科学，36（5）：
　　492-501

戴云云，丁艳锋，刘正辉，等，2009．花后水稻穗部夜间远红外增温处理对稻米品质的影响[J]．中国水稻科学，
　　23（4）：414-420

董稳军，徐培智，张仁陟，等，2013．土壤改良剂对冷浸田土壤特性和水稻群体质量的影响[J]．中国生态农业学
　　报，21（3）：810-816

方学良，1985．不同质地土壤特性与水稻生育的关系[J]．土壤肥料，（5）：5-7

冯跃华，2008．稻田复种免耕条件下土壤特性和水稻生长生理效应研究[D]．武汉：湖北农业大学

付建飞，綦魏，王恩德，等，2007．辽宁省气候变化的分析及对地质灾害的影响[J]．东北大学学报，28（8）：1190-1193

付强，王立坤，门宝辉，等，2002．三江平原井灌水稻水分生产函数模型及敏感指数变化规律研究[J]．节水灌溉，
　　（4）：1-3

高婷，徐淑琴，于靖，2012．不同水肥处理及诊断模式对寒区水稻产量及构成因素的影响[J]．节水灌溉，（8）：16-18

龚庆维，邹应斌，唐启源，等，2006．快速清茬免耕栽培水稻的土壤特性和根系生长特性[J]．中国农业气象，27
　　（2）：139-141

郭相平，甄博，王振昌，2013．旱涝交替胁迫增强水稻抗倒伏性能[J]．农业工程学报，29（12）：130-135

郝建华，丁艳锋，王强盛，等，2010．麦秸还田对水稻群体质量和土壤特性的影响[J]．南京农业大学学报，33（3）：
　　13-18

郝树荣，郭相平，张展羽，2010．水分胁迫及复水对水稻冠层结构的补偿效应[J]．农业机械学报，41（3）：52-55

季飞，2008．不同水分条件水稻需水规律及水分利用效率试验研究．[D]．哈尔滨：东北农业大学

金正勋，杨静，钱春荣，等，2005．灌浆成熟期温度对水稻籽粒淀粉合成关键酶活性及品质的影响[J]．中国水稻
　　科学，19（4）：377-380

柯传勇，2010．不同水分处理对水稻生长、产量及品质的影响［D］．武汉：华中农业大学

黎国喜，严卓晟，闫涛，等，2010．超声波刺激对水稻的种子萌发及其产量和品质的影响[J]．中国农学通报，26（7）：108-111

李百超，温秀卿，王暸暸，等，2011．黑龙江省春季土壤湿度近30a变化趋势[J]．干旱气象，2011，29（3）：289-296

李军，楚卫军，孙强，等，1997．三层膜覆盖育苗对水稻生长发育的影响[J]．现代化农业，（7）：1-3

李远华，崔远来，武兰春，等，1994．非充分灌溉条件下水稻需水规律及水稻需水规律及其影响因素[J]．武汉水利水电大学学报，27（3）：314-319

李月英，谢莉莉，王建英，等，2009．浅谈风对农业生产的影响及对策[J]．福建稻麦科技，27（1）：48-51

林宏伟，白克智，匡廷云，1999．大气CO_2浓度和温度升高对水稻叶片及群体光合作用的影响[J]．植物学报，41（6）：624-628

刘开顺，孙春香，2013．如何缩短水稻机插秧苗返青期[J]．农机机械，（3）：88-89

刘实，王勇，缪启龙，等，2010．近年东北地区热量资源变化特征[J]．应用气象学报，21（3）：266-278

刘媛媛，2008．高温胁迫对水稻生理生化特性的影响研究[D]．成都：西南大学

刘照，2011．高温干旱双重胁迫对水稻剑叶光合及生理特性的影响研究[D]．北京：西南大学

马宝，2009．高温对水稻光合特征、生长发育和产量的影响[D]．北京：中国农业科学院

毛晓艳，殷红，郭巍，等，2007．UV-B辐射增强对水稻产量及品质的影响[J]．安徽农业科学，35（4）：1016，1017

孟焕文，程智慧，吴洋，等，2006．温度胁迫对番茄转化酶表达和光合特性的影响[J]．西北农林科技大学学报，34（12）：41-46，52

裴红宾，张永清，上官铁梁，2006．根区温度胁迫对小麦抗氧化酶活性及根苗生长的影响[J]．山西师范大学学报，20（2）：78-81

邱学斌，岳守仁，陈宏，等，1996．不同薄膜育秧对水稻秧苗素质和产量的影响[J]．现代化农业，（6）：6-6

全妙华，胡爱生，欧立军，等，2012．耕作方式对水稻光合及根系生理特性的影响[J]．杂交水稻，27（3）：71-75

任万军，杨文钰，徐精文，等，2003．弱光对水稻籽粒生长及品质的影响[J]．作物学报，29（5）：785-790

盛海君，沈其荣，周春霖，等，2003．旱作水稻产量和品质的研究[J]．南京农业大学学报，26（4）：13-16

盛婧，陶红娟，陈留根，2007．灌浆结实期不同时段温度对水稻结实与稻米品质的影响[J]．中国水稻科学，21（4）：396-402

宋广树，2010．东北地区玉米和水稻低温冷害诊断指标与远程决策管理系统研究[D]．北京：中国农业科学院

Swarup A，Singh K N，王龙昌，1990．12年水稻—小麦轮种制度和施肥对钠质土土壤特性及作物产量的影响[J]．盐碱地利用，（2）：41-44

苏德财，程贤华，2013．机插水稻秧苗返青期长的原因及解决措施[J]．湖南农机，40（5）：34-35

苏晓丹，栾兆擎，张雪萍，2012．三江平原气温降水变化分析——以建三江垦区为例[J]．地理研究，31（7）：1248-1256

苏晓丹，张雪萍，2011．黑龙江省近56年气温降水变化特征及突变分析[J]．中国农学通报，27（14）：205-209

孙凤华，袁健，关颖，2008．东北地区最高、最低温度非对称变化的季节演变特征[J]．地理科学，28（4）：532-536

孙凤华，袁健，路爽，2006．东北地区近百年气候变化及突变检测[J]．气候与环境研究，11（1）：101-108

孙新建，2002．早春风灾、旱灾对棉花的危害及救灾技术措施[J]．新疆农业科技，（3）：15-15

孙彦坤，曹印龙，付强，等，2008．寒地井灌稻区节水灌溉条件下土壤温度变化及水稻产量效应[J]．灌溉排水学报，27（6）：67-70

汤广民，2001．水稻旱作的需水规律与土壤水分调控[J]．中国农村水利水电，（9）：18-23

滕中华，智丽，宗学凤，等，2008．高温胁迫对水稻灌浆结实期叶绿素荧光、抗活性氧活力和稻米品质的影响[J]．作物学报，34（9）：1662-1666

王成瑗，王伯伦，张文香，等，2004．栽培密度对水稻产量及品质的影响[J]．沈阳农业大学学报，35（4）：318-322

王慧新，王伯伦，张城，2007．不同肥密条件处理对水稻产量与品质影响[J]．沈阳农业大学学报，38（4）：462-466

王书裕，1981．东北地区水稻的农业气候生态[J]．农业气象，2（2）：1-8

王维，蔡一霞，杨建昌，等，2011．结实期土壤水分亏缺影响水稻籽粒灌浆的生理原因[J]．植物生态学报，35（2）：95-102

向丹，2013．水稻苗期低温耐性差异及其调控研究[D]．北京：中国农业科学院

谢立勇，马占云，韩雪，等，2009．CO_2浓度与温度增高对水稻品质的影响[J]．东北农业大学学报，41（3）：1-6

谢晓军，2011．高温胁迫下水稻生理生化特性及高光谱估测研究[D]．南京：南京信息工程大学

徐春梅，王丹英，邵国胜，等，2008．施氮量和栽插密度对超高产水稻中早22产量和品质的影响[J]．中国水稻科学，22（5）：507-512

严晓瑜，赵春雨，王颖，等，2012．近50年东北地区极端温度变化趋势[J]．干旱区资源与环境，26（1）：81-87

杨爱萍，2009．湖北水稻盛夏低温冷害变化特征及其影响[D]．武汉：华中农业大学

杨德，2002．试验设计与分析．北京：中国农业出版社，34-42

杨雪艳，姚国友，田广元，等，2010．东北地区大风的气候变化特征及其对全球气候变暖的响应[J]．安徽农业科学，38（33）：18894-18896，18903

殷红，郭巍，毛晓艳，等，2009．紫外线-B增强对水稻产量及品质的影响[J]．沈阳农业大学学报，40（5）：590-593

张斌，2013．自然灾害影响黑龙江垦区粮食生产波动性的分析及评价[J]．统计与咨询，（3）：11-12

张烈君．水稻水分胁迫补偿效应研究[D]．南京：河海大学，2006

张琳琳，赵晓英，原慧，2013．风对植物的作用及植物适应对策研究进展[J]．地球科学进展，28（12）：1349-1353

张欣悦，汪春，李连豪，等，2011．水稻植质钵育秧盘制备工艺及参数优化[J]．农业工程学报，29（5）：153-162

赵春雨，任国玉，张运福，等，2009．近50年东北地区的气候变化事实检测分析[J]．干旱区资源与环境，23（7）：25-30

赵春雨，王冀，严晓瑜，等，2009．东北地区冬季降雪的气候特征及其区划[J]．自然灾害学报，8（5）：29-35

郑家国，任光俊，陆贤军，等，2003．花后水分亏缺对水稻产量和品质的影响[J]．中国水稻科学，17（3）：239-243

郑建初，张彬，陈留根，等，2005．抽穗期高温对水稻产量构成要素和稻米品质的影响及其基因型差异[J]．江苏农业学报，21（4）：249-254

周欢，原保忠，柯传勇，2010．灌溉水量对水稻生产和产量的影响[J]．灌溉排水学报，29（2）：99-102

朱聪聪，张洪程，郭保卫，等，2014．钵苗机插密度对不同类型水稻产量及光合物质生产特性的影响[J]．作物学报，40（1）：122-133

朱荷琴，宋晓轩，简桂良，2003．温度胁迫对棉花黄萎病菌致病力的影响[J]．棉花学报，15（1）：33-36

朱庭芸，1985．北方水稻浅湿灌溉的省水增产作用[J]．水利学报，（11）：44-53

Andaya V C，Mackill D C，2003．Mapping of QTLs associated with cold tolerance during the vegetative stage in rice[J]．Journal of Experimental Botany，54（392）：2578-2585

Egert M，Tevini M，2002．Influence of drought on some physiological parameters symptomatic for oxidative stress in leaves of chives．EnvironexpBot，48（1）：43-49

He，An J X，1999．Evidence for transcriptional and post-transcriptionalcontrol of protein synthesis in water-stressed wheat leaves：a quantitative analysis of messenger andribosomal RNA[J]．Plant Physiol，155（1）：63-69

Hongbin T，Holger B，Klaus D，et al，2006. Growth and yield formation of ricez (*Oryza sativa* L) in the water-saving ground cover rice production system[J]. Field Crops Research，95（1）：1-12

Hsu S Y，Hsu Y T，Kao C H，2003. Ammoniumion，ethylene，and abscisic acid in polyethylene glycol-treated riceleaves[J]. Biol Plant，46（2）：239-242

Ionenko I F，Anisimov A V，Karimova F G，2006. Water transport in maize roots under the influence of mercuric chloride and water stress: a role of water channels[J]. Biologia Plantarum，50（1）：74-80

Khan H R，McDonald G K，Rengel Z，2004. Zinc fertilization and water stress affects plant water relations，stomatalconductance and osmotic adjustment in chickpea[J]. Plant and Soil，267（1）：271-284

Petcharat J，Somkiat P，Sakamon D，et al，2009. Effects of fluidized bed drying temperature and tempering time on qualityof waxy rice[J]. Journal of Food Engineering，95（3）：517-524

Pospisi Lova J，Batkova P，2004. Effects of pre-treatments with abscisic acid and or benzyladenine on gasexchange of French bean，sugar beet and maize leaves during water stress and after rehydration[J]. Biologia Plantarum，48（3）：395-399

Prakash M G，2009. Effects of low temperature stress on rice plastid x-3 desaturase gene, OsFAD8 and its functionalanalysis using T-DNA mutants[J]. Plant Cell Tiss Organ Cult，98（1）：87-96

Reyes B G，Morsy M，Gibbons J，et al，2003. A snapshot of the low temperature stress transcriptomeof developing rice seedlings（*Oryza sativa* L）via ESTsfrom subtracted cDNA library[J]. Theor Appl Genet，107（6）：1071-1082

Smita，Nayyar H，2005. Carbendazim alleviates effects of water stress on chickpea seedlings[J]. Biologia Plantarum，49（2）：289-291

Takuma G，Fumihiko T，Daisuke H，et al，2001. Incidence of open crack formation in short-grain polished rice during soakingin water at different temperatures[J]. Journal of Food Engineering，103（4）：457-463

Upadhyaya H，Panda S K，2004. Responses of Camellia sinensis to drought and rehydration[J]. Biol Plant，48（4）：597-600

Upreti K K，Murti G S R，2004. Effects of brassinosteroids on growth，nodulation，phytohormone contentand nitrogenase activity in French bean under water stress[J]. Biologia Plantarum，48（3）：407-411